直面危机

社会发展与环境保护

梅雪芹 陈祥 刘宏焘 徐畅 著

中国科学技术出版社
·北京·

图书在版编目（CIP）数据

直面危机：社会发展与环境保护 / 梅雪芹等著；田松主编.
—北京：中国科学技术出版社，2014.1（2018.4重印）
ISBN 978-7-5046-6509-6

Ⅰ．①直… Ⅱ．①梅… ②田… Ⅲ．①社会发展–影
响–环境保护–研究 Ⅳ．① X

中国版本图书馆 CIP 数据核字（2014）第 001002 号

策划编辑	杨虚杰	
责任编辑	杨虚杰　胡　怡	
版式设计	水长流文化	
责任校对	刘洪岩	
责任印制	王　沛	

出　　版	中国科学技术出版社	
发　　行	中国科学技术出版社发行部	
地　　址	北京市海淀区中关村南大街 16 号	
邮　　编	100081	
发行电话	010–63583170	
传　　真	010–63581271	
网　　址	http://www.cspbooks.com.cn	

开　　本	720mm×1000mm　1/16	
字　　数	209 千字	
印　　张	15.25	
版　　次	2014 年 1 月第 1 版	
印　　次	2018 年 4 月第 2 次印刷	
印　　刷	北京荣泰印刷有限公司	

书　　号	ISBN 978-7-5046-6509-6/X · 119	
定　　价	42.00 元	

一份权利宣言，一门新的历史

1969 年 1 月 28 日，美国加利福尼亚州南部海域一石油钻井平台爆炸，令圣巴巴拉海滩布满油污并使多种海洋生物遭殃，这即是著名的圣巴巴拉泄油事件（Santa Babara Oil Spill）。这一事件在 20 世纪 60 年代与凯霍加河大火以及伊利湖生态灾难一起，催生了地球日（Earth Day）和美国《国家环境政策法案》（*National Environmental Policy Act.*, NEPA）。事件发生后，美国联合石油公司总裁弗雷德·哈特利（Fred L. Hartley）漫不经心地说："又没有死人，所以我不愿称它为一场灾难。不就死了几只鸟吗？因此沸沸扬扬，我感到不可思议。"[①]哈特利的态度和看法如实反映了当时美国企业界和政界许多人对这一事件的后果及其影响的认识；事发 17 年后白宫的一份报告也坦承，"联邦政府曾大大忽视了保护该地区商业、娱乐、审美和生态价值的需要。"[②]

令人欣喜的是，事发后当地民众纷纷行动起来，投入到清除油污、保护海鸟的行列之中，一个名为"滚开石油"（Get Oil Out, GOO）的圣巴巴拉草根环境组织也由此兴起；它曾在一份禁止海上钻探的请愿书上征集到 10 万人的签名，并鼓舞着一代代环保者反石油污染和石油依赖，为呵护生存家园而斗争。

在这场民众行动中，有一个人的反响和作为特别值得一书。这个人即是作

---

① ② Keith C. Clarke, Jeffrey J. Hemphill. The Santa Barbabra Oil Spill, A Retrospective[J]. Yearbook of the Association of Pacific Coast Geographers, University of Hawai'i Press, 2002, 64: 159.

为历史教师和学者的罗德里克·纳什（Roderick Nash, 1939—）。

1969年，正值纳什的而立之年，那时他还是加州大学圣巴巴拉分校历史系的一名助理教授。在石油泄漏事件发生后，纳什像当地大多数居民一样，走向那片自己在工作之余常与家人、朋友一起嬉戏的海滩，观看翻滚而来的黑色潮汐。而与一般居民不一样的是，纳什观潮的时候，还带着美国政治家托马斯·杰弗逊起草的《独立宣言》。当时，他端坐在一位朋友的帆船的船尾，靠近被溢油厚厚覆盖的海峡岛屿（The Channel Islands）。面对此番情景，他回想起自己在60年代后期一直研究并讲授的那些思想，于是奋笔疾书《圣巴巴拉环境权利宣言》（*The Santa Barbara Declaration of Environmental Rights*）。一年后的1月28日，也即泄油事件一周年纪念日，纳什应邀在一间可远眺事件发生地的会议室，对着网络电视摄像机，铿锵有力地宣读了这份宣言：①

　　人人享有可养育生命并促进幸福的环境的权利。如果经年累月的行为损害了这一权利，今日活着的人享有为将来福祉而匡正过去的进一步权利。有一点不证自明：世世代代对环境的无意疏忽，已将人类带到了十字路口。我们的生活质量被降低，对自然界的滥用威胁着我们的生存。

　　圣巴巴拉海滩环境灾难促使我们从民族和世界方面思考、行动，为此提出如下控诉：

　　我们将垃圾乱扔在地上；

---

② Mark Cioc, Char Miller. Interview Roderick Nash[J]. Environmental History, 2007, 12(2): 402.

我们侵占了上天赋予的空地和荒野；

我们砍光了森林、剥落了草皮，使大地退化为荒芜尘土；

我们污染了生而呼吸的空气；

我们弄脏了河湖海洋连同海岸带；

我们将致命毒素排入土壤、空气和水体，危及一切生命；

我们灭绝了各种鸟类、动物，并使其他物种岌岌可危；

我们使地球上人口过剩；

我们将自然界搞得丑陋不堪、喧嚣不已，剥夺了人们享用的美景，打破了滋养其精神的静谧。

我们深知，最终要消除这些基本问题，关键在于人心，而非机械。因此，我们呼吁社会和政府承认下述原则并贯彻执行：

我们需要一种生态意识，承认人是与其共享环境的生物共同体的成员而非主人；

我们必须将伦理规范扩展到社会关系之外，用以支配人与所有生命形态及环境本身的联系；

我们需要一种全新的塑造都市环境的共同体观念，这个环境是为人类的所有需求服务的；

我们必须有勇气为整个环境的福祉而将我们自己当成负责任的个体，将我们自己的后院当成这个世界，将这个世界当成我们的后院；

我们必须拓展视野，要明白，私人和企业的所有权在事关自然世界时应受到限制，以确保社会利益和环境完整；

我们需要充分意识到我们拥有的巨大力量、地球的脆弱性，以及人类和政府为保护地球应尽的责任；

我们必须重新界定"进步"，要强调长时段的质，而非眼前的量。

因此，我们决心采取行动。环境正在向我们发起反扑；有鉴于此，我们倡导一场针对环境的行为革命。当然，由来已久的观念和制度难以轻易改变，而今天是我们在这颗星球上度过余生的第一天。我们将重新开始。①

纳什起草和宣读的这份宣言，被认为是托马斯·杰斐逊的权利思想以及美国生态学家奥尔多·利奥波德（Aldo Leopold, 1887—1948）的环境伦理思想的精髓，是他们二人思想的结晶。它不啻为一份主张人与环境相互依存的宣言，对 20 世纪 60 年代许多人关于环境问题及其解决办法的认识做了很好的总结。如果依照康德对启蒙运动的定义，来看待纳什在听众面前公开运用自己的理性宣讲环境权的行为，我们或许可称之为一场历史学者的"环境启蒙"。它虽不如之前海洋生物学家蕾切尔·卡逊那样感染和影响了那个时代的很多人，但它也在促使一些人进一步走向环境觉醒，并改变对环境的态度和举止上，适时地发挥了一个历史学者的作用。

纳什在宣言中说道"我们将重新开始"，这自然要从"我"做起，从改变自己的生活和工作方式做起。于是，纳什本人在宣读宣言之后践行了自己的理想，尽到了作为教师和学者所应尽的责任。1970 年，他与本校其他院系的几名教师一起，组织并领导了一个委员会，开启了被称为"环境研究"的新的跨学科专业。注册这一专业的研究生，从 1972 年之初的 12 名，后来发展到 300 个

---

① 《圣巴巴拉环境权利宣言》全文译自罗德里克·纳什：《美国环保史读本》（Roderick Nash. *The American Environment: Readings in the History of Conservation*[M]. 2nd edition, 1976: 298-300.）。

不同专业的 4000 名之多。这一年的春季学期，纳什还在学校的教务主任那里列上了一门新课，课程名称为"美国环境史"。纳什的美国环境史，作为在美国最早开设的环境史课程之一，就这样被列入了美国大学的课程目录，并成为美国大学生的一门必修课。后来纳什将自己开课的经验写成文章发表。他在文中回忆到，他在教务处注册这门新课之后回去的路上一直忐忑，因为他不知道有没有人愿意学这门课。后来当他得知注册选修这门新课的学生有 450 人时，他感到非常高兴，但是再一次坐卧不安，因为他不知道如何讲好这门新课。什么是环境史？当时，不仅其他人对此很陌生，他自己也没有一幅清晰的蓝图。后来，他基于自己的博士学位论文以及开设其他课程的经验，设计了"美国环境史"课程。当时，正值民权运动、妇女运动等社会维权运动开展的时候，同时也是环保运动作为一种新的社会运动开展的时候，因此，在课堂上，他提请同学们要关注受压迫的少数派，这包括自然环境。在他看来，自然也是一个受压迫的少数派；野生自然成员所曾遭受的压迫之深重是无可比拟的。同时，在这一课程教学中，纳什还引导学生质疑"发展等同于进步"之类的美国历史教条。在那个时代，这样的思想无疑是鲜活而富有警世意义的。

除了有关环境的教学和跨专业人才培养外，作为学者的纳什在这一领域还笔耕不辍。早在上述泄油事件发生前两年（1967），他就出版了博士学位论文《荒野与美国精神》（*Wildness and the American Mind*, 1967）。这部著作因其就美国人对荒野态度的变化所做的经典研究，一直被视为美国环境史的奠基之作；同时也被誉为"为环保主义者所做的创世之书"，在推动人们关注自然、理解美国人的自然观念如何变化方面产生过强有力的影响。这本书再版 4 次，发行了几十万册，被列为"二战"以来美国最具影响力的百部著作之一，是"改变我们这个世界的 10 部著作"之一。而泄油事件造成的污染及其危害，则促使他在上文提及的宣言中明确地表达并宣扬环境权利和环境伦理思想。此后，他聚焦于环境伦理这一主题，终于在该事件发生后 20 年出版了多年潜心研究之作，即《大自然的权利》（*The Rights of Nature: A History of Environmental Ethics*, 1989）。这不仅是一部环境史力作，而且被称为"环境伦理学这一新学科的发展史研究的开山之作"。它通过追述"新环境主义"而提出，"在哲学和法律的特定意义上，大自然或其中的一部分具有人类应予以尊重的内在价值"；它们存在，这本身就是我们不得侵犯它们的理由。这种思想，在倡导人与自然和谐、追求可持续发展已然成为时代主题的今天，无疑具有超越民族和国界的巨大价值。因此该书被译成多种语言，行销世界达百万册，由此产生了波及全球的广泛影响。

在涉及环境主题的著述和思考中，纳什的最广为人知的贡献，莫过于他对其工作领域的冠名和率先界定，因而在环境史兴起和发展的学术之旅留下了其独特的印迹。

1969 年，纳什在"美国历史学家组织"（The Organization of American Historians, OAH）举办的会议上所做的演讲中，首次使用"环境史"这一用语；翌年，其演讲稿以"环境史的状况"为题，被收入赫伯特·巴斯主编的《美国历史的状况》一书予以发表。按照环境史的另一奠基人和领军人物、美国历史学家唐纳德·沃斯特（Donald Worster, 1941—）的说法，纳什在这篇文章中最早试图为其工作领域下定义，他"建议把我们整个的环境看成是一种历史档案，在其上，美国人书写着他们自身及其思想。"[1]人们通常将 1972 年视为"环境史"术语首次得到界定的年份。这一年，纳什在《美国环境史——新的教学前沿》一文中，率先对环境史作了这样的表达："环境史将涉及人类与其整个

---

[1] 唐纳德·沃斯特. 自上而下 深入地球——环境史研究的兴起 [N]. 侯文蕙，译. 中国社会科学报，2010-01-20(6).

栖息地的历史联系。这一定义……超越了人类维度，包含了一切生命，并且从根本上说，它包括环境本身。"① 由此可见，纳什在思想认识上，适时地突破了学科界限，将历史和环境研究有机地结合起来。他因其相关研究和环境史冠名与界定工作，而成为环境史的一位开拓者，并理所当然地被人们称为环境史学家。

就这样，在圣巴巴拉泄油事件助长了当地民众关注环境的热情之后，纳什作为其中的一员，因其早就研读、关注荒野，而与一般参与的民众有所不同。他在最初的热情高涨过后，进一步结合自己的本职工作，自觉而持续地开展有关环境的教研活动，从而将"我们重新开始"的誓言落到了实处。一方面，他充分利用第一课堂，讲授环境问题和环境史，努力宣讲他在《圣巴巴拉环境权利宣言》中表达的那些思想，由此影响了许许多多的学子，使他们积极投身于环境研究和环保事业。另一方面，他不断深化自己的思想，并撰述成公开出版的书，在其中尽可能完整而准确地讲述人类如何与其整个栖息地相关联的故事。他的著作成为服务于环保活动家并指导他自己参与相关活动的有益工具。1971 年，纳什因为出色的社区工作而被授予杰出青年奖；1974 年，美国科学院授予他"环境质量，特别是荒野和环境教育的一流代言人"的荣誉；1975年，纳什当选为美国的杰出教育家；2000 年，美国环境史学会授予他终生成就奖。

纳什在圣巴巴拉泄油事件后的种种作为，很好地诠释了一个从事历史和环境问题研究的学者的抱负。对这一抱负的理解，沃斯特在《从事环境史》一文中的总结具有指导意义。他说："在公众对环境问题的兴趣大起大落之后的很长时间里，在问题自身变得越来越复杂、缺乏轻而易举的解决方法的同时，学

---

① R. Nash. American Environmental History: A New Teaching Frontier[J]. Pacific Historical Review, 1972, 41(3): 363.

术界的兴趣却在不断增长，并且越发地练达起来。因此，环境史源自一种道德目的，肩负强烈的政治使命；但是，随着它的成熟，它又变成一项学术事业，这是不能靠任何一个简单的或单一的道德或政治议程来促进的。它的宗旨则是要深化我们的一种认识：人类是如何一直受制于自然环境，反过来，他们又如何影响着环境，并且有着怎样的效果。"[①] 可以想见，沃斯特若勾勒环境史如何从"肩负强烈的政治使命"开始，进而发展为有着明确宗旨的学术事业的历程，肯定会突出罗德里克·纳什所写下的浓墨重彩的一笔。这是激情与理性交织的一笔。因为这一笔，不仅古老的历史学自身得以新生，而且历史学与当代社会的需要更加紧密相连。

其实，在 20 世纪六七十年代环境危机大背景之下，奋起思考并积极将自己掌握的知识服务于社会，努力唤醒民众环境觉醒的史学书生，又岂止纳什一人。我们看到，与纳什同时或前后，还有不少美国历史教师和学者开始讲授虽不叫环境史但大都涉及环境史内容的课程。并且，从 60 年代末到 70 年代中期，来自不同领域但共同关注环境并从事环境问题和环境史教研的学者日益汇聚起来。他们不仅活跃于美国历史学家协会、美国历史学家组织、美国研究协会和美国地理学家协会等组织，而且进一步将他们自己组织起来，以谋求更大的发展。

由于早期开拓和从事环境史研究的那群美国学者抱有远大的志向，不仅要"帮助其他历史学家突破狭窄的框框"，而且要使环保活动家、环境决策者和其他领域的科学家从环境历史中汲取认识和解决环境问题的智慧，并为之付出持续不断的努力，因此，当一代代环境史学者在他们的直接指导和间接影响下茁壮成长时，环境史学术事业也在这个追求可持续发展的时代里，在经济社会转型和公民社会建设中，发挥着日益重要的借鉴作用。

① 唐纳德·沃斯特. 自上而下 深入地球——环境史研究的兴起 [N]. 侯文蕙，译. 中国社会科学报，2010-01-20(6).

或许，环境史学者并不能直接提供一套解决环境问题的方案，但是他们的思考和分析，无疑可以帮助与环境相关的实际工作者更好、更充分地理解他们所面对的问题。因为环境史叙述本身即是围绕人与自然的关系及其变迁，来解释自然在人类历史中的地位和作用，并述说人类文明的发展对自然的影响及其对人类自身的反作用。环境史研究者认为，人与自然之间早已结成并不断延续着错综复杂的关系。从环境史研究的主题中，我们看到了与工业文明相伴随的人与自然疏离和异化的危害，这包括河流越流越脏、大地沙尘滚滚、天空青烟袅袅的情景及其伤人害物的结果。另一方面，很多的环境史著述也让我们看到，无论在历史上，还是在现实中，少到一个人，多到一群人，他们表达了对自然的关爱与呵护；或者某一种文化或生活方式，它们体现了与自然友好相处的可能。这些研究在很大程度上启发着人类在面对环境问题时，如何更好地认识自身的行为及其影响，以改变自己的生活方式、思维方式和对待自然的态度。

　　因此，一个环境史学者所揭示的历史运动，就不仅仅局限于人类自身的生老病死的问题，而且要包含一个土地共同体在何处、何时所共同经历的矛盾、挫折、失落，抑或还有成功以及人类尝试解决矛盾的努力和教益。这样说来，环境史是最能给人类社会和这颗星球带来希望的一门新的历史，是这个以可持续发展为己任的时代所需要的历史。就此而言，20 世纪 60 年代以来以纳什为代表的一群美国历史学者，在面对环境危机时的所作所为，对于我们每一个人更好地思考在生态文明建设中"我能做什么"、"我该怎么做"都会有所启迪。毕竟，"最终要消除这些基本问题，关键在于人心，而非机械"。纳什的这种声音，值得我们永远铭记在心。而像他那样的一群美国历史学者将环境史的教谕践行到公共领域和工作中的行为，更值得我们仿效。

梅雪芹

目录

6

杀手水银
——水俣病与环境诉讼 108

7

现代环保运动之母
——蕾切尔·卡逊的传奇人生 125

8

一场本可以避免的灾难
——威尔士艾伯凡尾矿库溃坝事故 155

1 河脏鱼殇
——泰晤士河上"最后一条"三文鱼的故事

1975 年 1 月 25 日，《伦敦新闻画报》（*Illustrated London News*）刊登署名文章，题为"泰晤士河里的三文鱼"（Salmon in the Thames）。文章还配有一幅一个绅士

图 1.1　泰晤士河里的三文鱼

模样的人手抓三文鱼的图片，图片右下方的一行字特别引人注目：1974 年 11 月捕获的一条 8 磅（1 磅 = 0.4536 千克）4.5 盎司的三文鱼是 140 多年来泰晤士河里出现的第一条三文鱼[①]。

[①] 本文所说的三文鱼即大西洋三文鱼（Atlantic salmon），1758 年由瑞典博物学家林奈命名为 Salmo salar。

140 多年来，泰晤士河里第一次出现三文鱼，这件事对伦敦人来说颇具新闻价值，甚至难以置信。因此，该文报道说，人们第一眼瞥见它的时候，似乎都不愿意相信，这条三文鱼活得好好的。当时，还出现了这样一种说法：蒂尔伯里（Tilbury）的那位洛·亚罗普（Lou Yallop）先生说，这是他在爱尔兰捕获的那条鱼，因为他"不想吃它"，所以在他家里那个大冰箱里冻了一年之后，他就把它扔进这条河里了。于是，至少有 10 位证人终究证实了这是一条会来回摆动的活鱼，其中有些人还是资深人士，因而驳倒了亚罗普先生的说法。

这条三文鱼是在西瑟罗克电站（West Thurrock Power Station）边的泰晤士河里捕获的，这里隶属于英格兰东部的埃塞克斯郡（Essex），系泰晤士河下游河段。因此，在伦敦自然史博物馆（The Natural History Museum）动物部的阿尔文·惠勒（Alwyne Wheeler）先生看来，这里出现的三文鱼的踪影证实，这条河的下游已经很清澈，足以养活三文鱼了。不过，除了这一点之外，这位多年来一直监测鱼类洄游泰晤士河河口情形的惠勒先生却又认为，这一捕获并不具有什么特别的意义。[①]

上述报道不禁令人生奇：历史上，泰晤士河里三文鱼的存在状况如何，它们到底经历过怎样的变故？它们的变故是因为什么，又反映出什么问题？为什么惠勒先生既认为 1974 年在泰晤士河里捕获三文鱼说明这条河流清澈了，又认为这一捕获没有什么特别的意义呢？这些问题显然关系到上述报道所提时段内，也即"140 多年来"英国所发生的某些变化及其影响。这里，试图从一个特定的角度，也即通过泰晤士河里三文鱼之命运的变迁对此加以揭示，以思考这一段历史给人们的某些教训和启示。

---

① H. F. Wallis. Salmon in the Thames[N].Illustrated London News, 1975-01-25: 28; Issue 6918, Illustrated London News Ltd., Gale Document Number: HN3100515779.

"最后一条"鱼儿的落网

一些英国人指出，自罗马人统治的那个时代以来，三文鱼洄游泰晤士河长达 1500 年；曾经有一个时期，这里的三文鱼十分多，售价竟低廉到六便士一大磅。而关于三文鱼洄游泰晤士河的记载，可追溯到 1215 年。这一年，在英格兰国王约翰与英国贵族所签署的《大宪章》的一项条款中，三文鱼洄游问题被提及。具体来说，即是《大宪章》的第 33 条，它规定："自此以后，除海岸线以外，其他在泰晤士河、美得威河及全英格兰各地一切河流上所设之堰坝与渔梁概须拆除。"[①] 按照大西洋三文鱼信托基金会（The Atlantic Salmon Trust）研究主任、美国亚利桑那州的作家理查德·谢尔顿（Richard Shelton, 1933—）的解释，1215 年的《大宪章》是英国保护大西洋三文鱼的最古老的法律中的第一个，其中的第 33 条虽然不那么著名，但明确涉及对三文鱼洄游的保护。[②] 直到 19 世纪末，这一条款仍然有效。而这一条款连同后续的涉及泰晤士河三文鱼保护的法规[③]以及泰晤士河里三文鱼捕获记录表明，从 13 世纪到 18 世纪末，泰晤士河三文鱼渔业十分红火。仅 1766 年 7 月的某一天，送到比林斯盖特鱼类市场（Billingsgate market）的泰晤士河三文鱼就多达 130 条；而捕获的长达 1 码 2 英寸（1 英寸 = 2.45 厘米）、重达 16 磅的三文鱼，则为人津津乐道。还有人说，他绝对记得 1789 年在拉勒安姆村（Laleham）[④]，见到一条重达 70 磅的泰晤士河三文鱼被人捕获。[⑤]

---

① 佚名. 自由大宪章 [Z/OL]. http://www.flwh.znufe.edu.cn/article_show.asp?id=874.

② 参见 Richard Shelton.To Sea and Back: The Heroic Life of the Atlantic Salmon[M]. London: Atlantic Books, 2009. 有关这一说法，还可参见 Charles E. Fryer.The Salmon Fisheries[M]. London: William Clowes and Son Limited, 1883:28-29. 下载自档案网：http://www.archive.org。

③ 艾萨卡·沃尔顿在《垂钓大全》中提及爱德华一世和理查二世统治时期的一些法规中包含了反对设置堰坝和陷阱阻碍三文鱼洄游的条款，见：Izaak Walton.The Compleat Angler[M].New York: Dover Publications Inc., 2004: 38.

④ 英格兰东南部萨里郡的一个村庄。

⑤ R. B. Marston. The Thames as a Salmon River[J].The Nineteenth Century: A Monthly Review, 1899,45(266): 580.

图 1.2　洄游的三文鱼

直至 19 世纪初，泰晤士河上三文鱼渔业依然很繁荣。1861 年，一位渔民到皇家三文鱼渔业委员会（The Royal Commission on Salmon Fisheries）作证。他陈述说，晚至 1820 年，在位于拉勒安姆村的泰晤士河边，他常常能捕获"几百条"三文鱼；在那里，一个坐在渡船上的男孩曾在一天之内用渔竿钓起六七十条三文鱼。同一位证人还证实，他看到过"20 条三文鱼"在"沿着那段不到 200 码长的河界"产卵后，就死在那里了。另一位证人则递交证据证明，1794—1814 年，在靠近特普罗（Taplow）①的波尔特船闸（Boulter's Lock），每年差不多有 15~66 条三文鱼被捕获。②1860 年，有人发布了 1794—1821 年在波尔特船闸和普尔（Pool）所捕获的三文鱼清单，其数字是 483 条，总重量是 7346.25 磅，每条鱼平均重达 15 磅以上。不过，这一时期年平均捕获量是 18 条左右，与上述 1766 年的某一天就捕获 130 条相比，这一数字在急剧下降，以至于 1821 年乔治四世加冕典礼用餐想要三文鱼而不得。③

更为严重的是，泰晤士河里这一曾经数量多、体量大的鱼儿最终却消失不见了。于是，在 19 世纪，有不少关于泰晤士河的"最后一条"三文鱼的记述。

---

① 英格兰白金汉郡的一个村庄。

② Charles E. Fryer.The Salmon Fisheries[M]. London: William Clowes and Son Limited, 1883: 3-4.

③ R. B. Marston. The Thames as a Salmon River[J].The Nineteenth Century: A Monthly Review, 1899,45(266): 580.

1857 年，维多利亚时代的博物学家弗兰克·巴克兰（Frank Buckland，1826—1880）首次出版《自然史的奇葩》（*Curiosities of Natural History*）。他在书中提到，有一位名叫芬摩尔（Finmore）的渡夫，在因伊顿学子而闻名的索雷堡（Surley Hall）附近摆渡，

图 1.3　波尔特船闸

是他捕获了伦敦之上的泰晤士河里所曾见到的"最后一条"三文鱼。巴克兰紧接着说道："自泰晤士河上的这一物种的最后一条成为人类贪婪的牺牲品以来，40 年已经过去了。在索雷堡附近，有一个这可怜的鱼儿最喜欢的隐匿处，那里最终被人发现，它就注定要被毁灭了。"① 巴克兰还根据他的了解，栩栩如生地描绘了这"最后一条"三文鱼最终如何落网的过程：

　　……于是，有一天，那隐匿处的四周被渔网围了起来，渔民们对其捕获信心十足，但是他们搞错了。那三文鱼忽然觉察到了人类的背叛，它俨然是一条勇敢的、聪明的鱼儿，纵身一跃，非但没有落入网中——对这一点他太清楚不过了——反而正好越过渔网，成功逃脱，至少有一段时间是如此。

---

① Frank Buckland.Curiosities of Natural History[M]. London: Richard Bentley, New Burlington Street, 1862: 246. 下载自档案网：http://www.archive.org。

5

几天过后，他返回家园，想回到其隐匿之所。渔网又一次向他围扑过来。而这一次，有一张网被系在了撒在水中的那些渔网的软木浮子网线上，同时通过一根绳子悬挂在了空中。那三文鱼又一次突然出现，又一次一跃而起。它毫不困难地挣脱了水中的渔网，但却自然地落入悬挂在空中的那张网中。它死了；虽然死得不光彩，但是它的遗骸却得到了尊重，成为"精美的菜肴，被端到一位国王面前"；因为它被带给了当时住在弗吉尼亚湖村（Virginia Water）的这位国王①，他以一几尼一磅的价格给那位幸运的渔民，买下他捕获的这条鱼：几小时的工作就挣了20几尼啊！②

巴克兰的这段话已成为有关泰晤士河"最后一条"三文鱼的经典叙述。其笔下的这条鱼虽然"勇敢、聪明"，但终究还是敌不过人类的智慧，结果不免化作了国王的盘中餐、平民的糊口钱。由于巴克兰的这部著作出版于1857年，因此根据这一年份以及他所说的"40年已经过去了"的追忆推算，那位渔夫捕获这条鱼的时间大约是1817年。而恩里克·哈迪则说，巴克兰描述的是在1833年"最后一条"泰晤士河三文鱼如何在索雷堡附近的隐匿处落网的。③

1883年，查尔斯·弗莱尔（Charles E. Fryer）撰写《三文鱼渔业》（*The Salmon Fisheries*）一书，作为这一年在伦敦举办的"国际三文鱼渔业大展"（the great international salmon exhibition）的手册而发行。他在书中写到，泰晤士河上"最后一条"三文鱼大约在1824年被捕获。④而关于泰晤士河里"最后一条"三文鱼被捕获的时间和地点，还有许多说法。有人

---

① 当时住在那里的英国国王是乔治三世。
② Frank Buckland.Curiosities of Natural History[M]. London: Richard Bentley, New Burlington Street, 1862: 246-247.
③ Eric Hardy. Salmon in the Thames next Year? Another Experiment to be Made[J].Saturday Review of Politics, Literature, Science and Art, 1934-06-23, 157(4104): 731. 恩里克·哈迪在文中将 Surley 误写成了 Surely。
④ Charles E. Fryer.The Salmon Fisheries[M]. London: William Clowes and Son Limited, 1883: 4.

说，1812 年在切斯维克小岛（Chiswick eyot）和普特尼（Putney）之间捕获的那条三文鱼或许是最后的一条；[1] 有人说，从泰晤士河游来的最后一条三文鱼于 1823 年在芒肯岛（Monkey Island）[2] 被捕获，并送给了住在温莎的乔治四世；[3] 有人说，他注意到泰晤士河里最后一条三文鱼是在 1833年 6 月被捕获的；[4] 有人说，这条河里的最后一条三文鱼大约在 1860 年被捕获。[5]

　　无论如何，乔治·莱斯勒（George Dunlop Leslie, 1835—1921）在《我们这条河》中再也没有提到三文鱼。莱斯勒于 1835 年生于伦敦，是英国的一位风景画和风俗画家。他基于自己所见证的泰晤士河沿岸发生的变化而撰写了这部著作，1881 年首次出版。[6] 在书中，他回忆了与他的兄弟和一位朋友在泰晤士河上第一次划船的经历，当时他大约 13 岁，也就是 1848年左右。他在书里谈到了很多东西，譬如那轮船码头，那讨人喜欢的老市场；市场上有水果、金鱼和大褐虾，[7] 但是他没提到三文鱼。在该书的第八章，他记录了泰晤士河的自然史，其中着重提到很多种鱼类、鸟儿以及其他物种等，但根本没有提及三文鱼。[8]

　　这样，虽然英国人对于泰晤士河里最后一条三文鱼到底于何时在哪里被捕获各有说法，但是这鱼儿最终从这条河里消失不见，却成为不争的事实。由于这并非一个一般意义上的历史事件，因此，对于泰晤士河三文鱼

---

① C. J. Cornish.The Naturalist on the Thames, London: Seeley and Co. Limited, 1902: 207.

② 泰晤士河上的一个小岛，位于英格兰东南部伯克郡（Berkshire）布雷村（Bray）附近的布法尼闸（Boveney Lock）之上的河段。

③ 佚名 . The Thames as a Salmon River[J].The County Gentleman: Sporting Gazette, Agricultural Journal, and "The Man about Town".[London,England].1897(1859): 1661.Sourced from the British Library, Gale Document Number:DX1900948468.

④ R. B. Marston. The Thames as a Salmon River[J].The Nineteenth Century: A Monthly Review, 1899,45(266): 580.

⑤ Anthony Netboy.The Atlantic Salmon, A Vanishing Species?[M]. Boston, Houghton Mifflin Co., 1968: 180.

⑥ George Dunlop Leslie.Our River[M]. London: Bradbury, Agnew, & Co., Bouverie Street, 1881. 下载自档案网：http://www.archive.org。

⑦ George Dunlop Leslie.Our River[M]. London: Bradbury, Agnew, & Co., Bouverie Street, 1881: 3.

⑧ George Dunlop Leslie.Our River[M]. London: Bradbury, Agnew, & Co., Bouverie Street, 1881: 134-156.

到底消失于何时、何地的回答，显然难以精确到某年某月某一天的某个地方。世人也许永远不可能确切地知晓三文鱼在泰晤士河绝迹的具体时间和地点，但是可以说，在泰晤士河里栖息已久的这一物种经历了一个不断减少并最终消失的过程，直到19世纪四五十年代，它在这里绝迹了。

两大"杀手"的合谋

在泰晤士河里栖息已久的三文鱼，最终为什么会在19世纪中叶从这条河里消失，从而使得曾经繁荣的泰晤士河三文鱼渔业衰落并消亡？对于这一问题，历史上的英国人早就作出了种种思考，并给出了他们的答案。从渔民方面而言，有人认为，因为他们缺乏虔诚，渐渐忘了给教会缴纳惯常的捕获三文鱼的什一税，三文鱼也就渐渐从泰晤士河里消失了。这一看法让人联想到有关三文鱼的一个宗教传说。它说的是，在往昔，威斯敏斯特的圣彼得修道院院长（The Abbot of St. Peter's, Westminster）主张有权征收伦敦市长大人管辖范围内的三文鱼捕获什一税，并连续征收了几个世纪；其借口是，当圣彼得在威斯敏斯特以他的名字命名那里的教堂而使之得到尊崇的时候，他授予这座修道院征收这一捐税的权利。[①] 后来，渔民们慢慢忘记了这一条，因而也就影响了三文鱼在泰晤士河里的出没。[②] 这一说法当然不能全信，不过，它也在一定程度上反映了19世纪部分英国人是如何忧虑和思考泰晤士河三文鱼以及这一渔业之命运的问题的。

英国人的这一忧虑为时不短，远的不说，至少在1758年，伦敦城市政官水务副手（Water Bailiff of the City of London）罗伯特·宾内尔（Robert

---

① 查尔斯·弗莱尔在《三文鱼渔业》一书中完整地讲述了这一传奇，见：Charles E. Fryer.The Salmon Fisheries[M]. London: William Clowes and Son Limited, 1883:2-3.

② R. B. Marston. The Thames as a Salmon River[J].The Nineteenth Century: A Monthly Review, 1899,45(266): 579.

Binnell）在有关泰晤士河的描述中即明确地表达了这一点。① 宾内尔在分析泰晤士河三文鱼渔业"主要是如何摧毁的"，或"造成泰晤士河这一渔业毁灭的这种巨大罪过的原因"时提及，"捕鱼的时间、季节和方式不合法，所使用的渔网和工具不合法，因此总体上毁掉了这鱼儿的卵、幼鱼和鱼苗"②。宾内尔所提及的三文鱼渔业被毁原因可以称之为"过度捕捞"（overfishing）。到19世纪，许多英国人认为，对于一些河流里三文鱼捕获量的减少来说，或许可以用"过度捕捞"加以解释，但是很显然，这并非泰晤士河里三文鱼消失的原因。譬如，查尔斯·弗莱尔说，"过度捕捞"，无论是通过正当的手段还是通过不正当的做法，其本身都不足以解释我们的一些有三文鱼的河流的衰竭以及其他一些三文鱼河流的彻底毁灭。③ 他在这里指的是泰晤士河。他进而说道："对贸易来说意味着生机的事物，对渔业来说则意味着死亡。在一时的热情之中，这个民族以及公共利益的卫士们彻底忘了三文鱼；'英格兰的大江大河'（The 'grantz rivers d'Engleterre'）被无法通过的堰坝分隔成一段段短促的流域，河水滞留不畅，在下游河道不再快速流动，以迎接到来的三文鱼；尽管贸易表面上在国民眼前增加了，但水下的三文鱼逐渐被窒息而亡。"④ 而巴克兰则在弗莱尔之前描述说："那位渡夫的看法是，三文鱼不断离开泰晤士河，不是由于那些轮船或者那河里的污水问题造成的，而是由于煤气厂排放的污水造成的。他这么跟我们说的时候给出了理由，我们被说服了，于是就支持他的看法。"⑤

① Robert Binnell.A Description of the River Thames, with the City of London's Jurisdiction and Conservacy Right and Usage, by Prescription, Charters, Acts of Parliament, Decrees, upon Hearing before the King, Letters Patents, &[M]. London: Printed for T. Longman in Pater-noster-Row, 1758. 下载自档案网：http://www.archive.org。

② Robert Binnell.A Description of the River Thames, with the City of London's Jurisdiction and Conservacy Right and Usage, by Prescription, Charters, Acts of Parliament, Decrees, upon Hearing before the King, Letters Patents, &[M]. London: Printed for T. Longman in Pater-noster-Row, 1758: 21-22.

③ Charles E. Fryer.The Salmon Fisheries[M]. London: William Clowes and Son Limited, 1883: 37.

④ Charles E. Fryer.The Salmon Fisheries[M]. London: William Clowes and Son Limited, 1883: 38-39.

⑤ Frank Buckland.Curiosities of Natural History[M]. London: Richard Bentley, New Burlington Street, 1862: 247.

像这样，无论弗莱尔还是巴克兰，他们都指出了泰晤士河三文鱼消失的主要原因，即贸易增长和工业生产对这鱼儿的危害。其实，早在1824年，调查三文鱼渔业状况的议会委员会已认识到三文鱼与贸易和工业之间的绝望的搏斗。该委员会在一份调查报告中指出："在那些大商业城市所在以及工厂主的利益赖以带来大量资本开销的河流，就不要指望三文鱼渔业会繁荣；当它可能出于这些原因而近乎消亡的时候，期待它在某时可能会恢复，这一点也许是异想天开。这种情况谅必很明显，本委员会决不想提出有关它们的建议，这么做只能以失败而告终。"[1]

1860年，议会派出英格兰和威尔士三文鱼渔业皇家调查委员会（Royal Commission of Inquiry into the Salmon Fisheries of England and Wales），以调查英国主要地区的三文鱼渔业状况。翌年2月7日，该委员会的委员提交了"英格兰和威尔士三文鱼渔业报告"（The Commissioners' Report in the English and Welsh Salmon Fisheries）。该报告揭示，在一些河流再也见不到三文鱼了，在其他一些河流它们濒临灭绝，还有一些河流其数量迅速下降。其中，泰晤士河有5162平方英里（1平方英里＝2.59平方千米）的流域被堰坝和污染物毁掉了。[2] 与此同时，这份报告强调，"泰晤士河上的堰坝对那条河里三文鱼灭绝的影响甚至比伦敦的污染物还要大。"[3] 当讨论污染时，它进一步指出，至于某个城镇的日常生活污水的影响问题，它对于鱼儿的损害并不像一般想象的那么大，而最为致命的污染物则是煤气焦油、石灰、铅洗涤剂以及有毒物质，所有这些东西在每一条河里都是不容许存在的。[4]

---

① S.C. on the salmon fisheries of the UK, 1824: 145. 转引自 B. W. Clapp.An Environmental History of Britain since the Industrial Revolution[M]. New York: Longman, 1994:72.

② Thomas Ashworth.The Salmon Fisheries of England[M]. London: Longmans, Green, & Co., 1868: 10-11. 下载自档案网：http://www.archive.org。

③ Thomas Ashworth.The Salmon Fisheries of England[M]. London: Longmans, Green, & Co., 1868: 13.

④ Thomas Ashworth.The Salmon Fisheries of England[M]. London: Longmans, Green, & Co., 1868: 27.

上述一些看法提示我们，在探究 19 世纪影响泰晤士河里三文鱼栖息以至其绝迹的因素时，一方面，可以将它们归为两大类，即堰坝或水闸以及污染物；另一方面，需要对这两大因素的具体影响或危害问题作进一步的分析。

首先，是堰坝或水闸的影响。在泰晤士河上设堰筑坝从而妨碍三文鱼洄游的问题早已出现，前述《大宪章》相关条款的内容即是证明。这之后的几个世纪里，这一问题因多方面的缘故有所加剧，并不断有人谈及。譬如，生活在 17 世纪的艾萨卡·沃尔顿在 1653 年首版的《垂钓大全》中写到，贪婪的渔民设置堰坝与不合法的陷阱，妨碍了淡水中孵出的成群的三文鱼鱼苗经过一段时间之后向大海返回，因而将它们成千上万地毁掉了。① 也有人指出，就泰晤士河以及诺森伯兰郡的科克河（The Coquet）而言，经渔业检查员仔细调查后发现，最初使得三文鱼离弃它们的原因，是设立了无法通过的磨坊水坝（mill-dam）和水闸，因而切断了三文鱼抵达产卵场所的通道。② 尤其是水闸，在 18 世纪后半期和 19 世纪初，经由议会通过的为确保泰晤士河通航以大力发展贸易的一些泰晤士河航行条例（the Thames Navigation Acts）而建立起来，它们毫无疑问是导致泰晤士河三文鱼消亡的主要原因。③ 对此，1858 年 W. 怀特先生在其著述中确然地描述道：

> 以前，夏日的夜晚，沿泰晤士河边散步，从桑伯里（Sunbury）④ 往上到温莎（Windsor），你会看到许许多多硕大的三文鱼从柳条依依

---

① Izaak Walton.The Compleat Angler[M].New York: Dover Publications Inc., 2004: 38.
② David Milne-Home, F. R. S. E.Salmon and Salmon Fisheries[M]. London: William Clowes and Sons, Ltd., 1883: 9. 下载自档案网：http://www.archive.org。
③ R. B. Marston. The Thames as a Salmon River[J].The Nineteenth Century: A Monthly Review, 1899,45(266): 581.
④ 泰晤士河边的一个小镇，历史上属于米德塞克斯郡（Middlesex），现在属于萨里郡（Surrey），距伦敦市中心西南21 千米。

的河中小岛旁跳出水面，或嬉戏，或飞腾。现在，船闸和堰坝那么不科学地建了起来，因此，即使三文鱼会冲破险阻穿过水潭，它们进一步往上游动也将因这些糟糕的人工建筑物而彻底受阻。①

这些说法所揭示的问题是，泰晤士河上不断建设的大大小小的人工建筑物日益严重地阻塞了三文鱼的洄游通道，因而成年的三文鱼难以轻松地从大海游回淡水故地，产卵、孵化；即使它们英勇地做到了这一点，孵化出的鱼苗也难以自在地从河流返回咸水家园，成长、壮大。这一局面，对于泰晤士河里三文鱼种群的生存来说，的确具有致命的影响。

然而，有一点必须明确，这些堰坝和水闸大都位于伦敦之上的泰晤士河河段。譬如，1788年和1789年所建的本森闸（Benson Lock）和德伊闸（Day's Lock）都位于牛津郡，1812年所建的克里夫顿闸（Clifton Lock）同样位于该郡之内。因此，它们对于三文鱼洄游的妨碍也只是发生在伦敦之上的泰晤士河上游流域。而前文所说的到19世纪四五十年代三文鱼在泰晤士河里绝迹，指的是整条河流都不见这一鱼类之踪迹的情形。这样，就伦敦之下的泰晤士河下游流域而言，三文鱼的消失，就不能仅仅归咎为堰坝或水闸等人为的障碍物的影响了。究其根源，还必须重视时人一再论及的污染物的危害问题。这不仅包括泰晤士河沿途城镇日常生活污水排入的危害，而且包括沿途厂矿企业所产生的废弃物倾倒

图1.4 本森闸

① 转引自 R. B. Marston. The Thames as a Salmon River[J].The Nineteenth Century: A Monthly Review, 1899,45(266): 581.

的危害；对于泰晤士河三文鱼的消失来说，后一方面的危害尤甚。当然，污染物对三文鱼危害的呈现，也与这一物种自身的生活习性紧密相关。

图 1.5　德伊闸

三文鱼是一个"十分苛严"的物种，它遵循着洄游鱼类的迁徙模式，要经过异乎寻常的喂养，并在咸水中生长、成熟。之后，成鱼回到淡水溪流产卵；在那里鱼卵孵化，鱼苗经由几个明显的阶段发育成长。[①] 而三文鱼对产卵环境要求的严格，从美国生物学家和自然作家丹尼尔·波特金（Daniel B. Botkin）[②] 的一段描述中可以窥见一斑：

> 一条三文鱼会将卵产在浅水溪流的砾石河床上。它所要求的条件是严格的。雌鱼会仔细地选择产卵的场所。它倒竖着，垂立于河水之中，用力地摆动尾巴，并检查砾石河床，由此测试砾石河床的质量。一定要那种刚刚好的砾石河床；疏而不密，足以腾出空间让水畅流，以便将氧气带给鱼卵，但又不过于疏松，这样河床在洪水季节或高水位期间就不易垮塌；一定要有大小合适的空间，那河床至少必须是其身长的三倍。一旦它认为那砾石正是所理想的那种，它就会产卵。[③]

① 关于三文鱼的生活史，参见查尔斯·弗莱尔的《三文鱼渔业》的第二章：Charles E. Fryer.The Salmon Fisheries[M]. London: William Clowes and Son Limited, 1883:11-23.

② 丹尼尔·波特金主张，通过理解自然是如何工作的来解决环境问题。关于丹尼尔·波特金及其著作和贡献，参见 http://www.danielbotkin.com。

③ Daniel B. Botkin.Our Natural History: The Lessons of Lewis and Clark[M]. Oxford University Press, USA, 2004:199.

由此可以理解，对三文鱼来说 19 世纪的泰晤士河到底出了什么问题。一方面，由来已久尤其是 18 世纪末以来大量建设的堰坝或水闸之类的人为障碍物严重阻挡了三文鱼的通行，使之日益从产卵河段被阻塞开来；另一方面，这一时代来源甚广的大量污水和废弃物源源不断地排入泰晤士河，耗尽了河里的溶解氧，使三文鱼喘息困难，[1] 并逐渐在整条河里"被窒息而亡"。这两方面所反映出的一大问题，即泰晤士河三文鱼所需的淡水生境遭到了破坏。于是，19 世纪后期，尽管处于溯河产卵期的三文鱼几乎年年出现于泰晤士河河口，但是由于这条河一直处于被堰闸段段分隔和严重的污染状态，这鱼儿也就难以重新溯河而上，它们已找不到回归出生故地的路途了。[2]

鱼殇人亡的惨祸

在 19 世纪的英国，像泰晤士河所发生的三文鱼消亡的例子决不在少数，在上述的三文鱼渔业皇家调查委员会的委员们所巡查的每一条河流里，三文鱼或多或少都有不同程度的减少。[3] 三文鱼在与人类的贸易和工业之战中最终败下阵来，这一变故显然具有多方面的意味，因而反映出了不小的问题。对于三文鱼这一物种本身而言，这无疑是一场莫大的悲剧，因此理查德·谢尔顿不无惋惜地说道："在其漫长的进化史上，作为一个物种的大西洋三文鱼的存在，有史以来第一次再也不能被视为理所当然的了。"[4] 而维多利亚时代的英国人早已表达了他们对于这一结果的思考；譬如巴克兰十分懊悔地叹曰："可是，唉！泰晤士河里的三文鱼现在竟然像毛里求

---

[1] 关于三文鱼对河水中溶解氧和温度的要求，参见 J. S. Alabasteran, and P. J. Gough.The Dissolved Oxygen and Temperature Requirements ofAtlantic salmon, Salmo salar L., in the Thames Estuary[J].Journal of Fish Biology, 1986(29):613-621.

[2] Albert Günther.An Introduction to the Study of Fishes[M]. Edinburgh, Adam and Charles Black, 1880. 参见 R. B. Marston. The Thames as a Salmon River[J].The Nineteenth Century: A Monthly Review, 1899,45(266): 581.

[3] Thomas Ashworth. The Salmon Fisheries of England[M]. London: Longmans, Green, & Co., 1868: 29.

[4] Richard Shelton. To Sea and Back: The Heroic Life of the Atlantic Salmon[M]. London: Atlantic Books, 2009: Preface.

斯岛上的渡渡鸟一样灭绝了。"①

　　诚然，在今人看来，19世纪中叶泰晤士河里三文鱼的绝迹，与17世纪末毛里求斯岛上渡渡鸟的灭绝并不一样，因为后者体现的是一个物种在地球上的彻底灭绝，而前者体现的是一个物种在某些地方的暂时消亡，但巴克兰的慨叹清楚地说明维多利亚时代的英国人对这种变故的严重性已经有了清醒的认识。毕竟，因设堰筑坝以及建立水闸而妨碍洄游鱼类迁徙的现象古已有之，但是像泰晤士河上所发生的因河水变脏有毒而危及河中物种生存的变故却是旷古未闻。而19世纪四五十年代三文鱼在泰晤士河绝迹的时刻，恰恰是英国完成工业革命，其经济大力发展、社会根本转型并最终进入城市——工业社会的重要关头。这一亡一兴、两大变化的重叠，决非历史的巧合和偶然，而是工业革命催生的新的工业文明之于自然和社会等方面的不同影响的具体体现。泰晤士河三文鱼在堰坝或水闸以及污染物的共同作用下消亡，突出地体现了新兴的工业文明对自然环境的影响程度及其结果。堰坝或水闸自古有之，它们的设立，长期以来对三文鱼的洄游和生存一直是一种威胁，但是，因河流污染使得三文鱼消亡的灾难加剧并实实在在地发生，②则是人类进入工业社会之后的新问题。因此，这种灾难提示我们应该全面地看待工业革命的后果和影响。

　　一般认为，发生于18世纪60年代到19世纪三四十年代的英国工业革命首先是一场技术和生产力的革命；自19世纪中期以来，它一直被视为世界历史的一个转折点，恩格斯、汤因比（Arnold Toynbee, 1852—1883）、芒图（Paul Mantoux, 1877—1956）等人的著作对此有过深入的分析。③而

---

① Frank Buckland. Curiosities of Natural History[M]. London: Richard Bentley, New Burlington Street, 1862: 247.

② Charles E. Fryer.The Salmon Fisheries[M]. London: William Clowes and Son Limited, 1883:40.

③ Friedrich Engels. The Condition of the Working Class in England in 1844, with a Preface written in 1892[A/OL]. http://www.gutenberg.org/files/17306/17306-h/17306-h.htm; Arnold Toynbee. Lectures on The Industrial Revolution in England[M]. Boston: The Beacon Press, 1956; Paul Mantoux. The Industrial Revolution in the Eighteenth Century: An Outline of the Beginnings of the Modern Factory System in England[M]. London: Jonathan Cape, 1929.

新技术的应用、工厂的扩展以及由此而来的生产和消费的增长，还有人口及其密度的增大，不仅带来了生产力的飞跃，而且造成了废弃物的飙升。对于这种因果关系，1902 年英国化学学会会员、河流检察总长 W．内勒在一份指导如何防治河流污染的手册中作了明确的阐述。

> 大约在三四十年前[①]，也即蒸汽机、铁路和远洋轮船给英国工业带来巨大推动力之后不久，问题开始出现了。
>
> 1851 年大博览会之后，当国家对它在科学和技术上的长足进步大喜过望，当它已不再将 1830 年的进出口、财政收入、人口、资本投资等与 1850 年作比较的时候，有人即认为，产量的增加意味着会引起反对的废渣的增加，人口的增长也造成了同样的结果。[②]

正如内勒所认识到的，工业革命催生了一种新的经济秩序，它所带来的产量增加和人口增长也意味着更多的物质消耗和废弃物的产生。这些废弃物，包括废水、废渣等，被人们源源不断地排入流经城镇的河流并向下游转移，在 19 世纪的英国造成了河流普遍被污染的后果。从泰晤士河的情况来看，1866 年有关泰晤士河污染的一份官方调查报告明确记载如下：

> 泰晤士河从克里科雷德（Cricklade）到大都市排水系统端点这一段河道，因沿途城镇、村庄和一座座住房所排放的污水不断注入其间，河水总是污浊不堪。有不少的造纸厂、制革厂等工厂企业的废水也流入了这条河。不仅流入泰晤士河的地表水未经任何清污处理，而且各种动物的尸体漂浮而下，直至腐烂靡费。这一区域的所有污染物，不

---

① 根据这份材料中作者叙述的上下文语境判断，这指的是 19 世纪三四十年代。

② W. Naylor. Trades Waste, its Treatment and Utilisation, with Special Reference to the Prevention of River Pollution, a Hand Book for Borough Engineers, Surveyors, Architects and Analysis[M]. London: Charles Griffin & Company, Limited, 1902: 2. 下载自档案网：http://www.archive.org.

管是固体的还是液体的，全都注入了这条河；同样是这一河水，在受到如此严重的污染之后，却又被抽取，用沙过滤后，输入这座大都市供家庭使用。[1]

不仅如此，与先前的废弃物相比，19世纪工业时代倾入泰晤士河的废弃物的成分出现了很大变化。早在1828年，英国科学家和地质学家、外科医生约翰·博斯托克（John Bostock, 1773—1846）在一份题为"论泰晤士河水的自净"的报告中，就对此作了细致的分析，他说道：

> 通过适当的测试，发现水中含有石灰、硫酸、盐酸和氧化镁。还有氧化铝和钾肥的痕迹，但检测不出氨、硫或铁。而石灰、氧化镁、硫酸和盐酸等所有这些成分，比先前检测的泰晤士河水标本里的含量都明显地多得多。[2]

紧接着，博斯托克以1万个颗粒为单位，算出了这几种物质各自在其中的具体含量。就这样，博斯托克不仅指出泰晤士河水中含有大量的诸如动物尸体、腐烂植物以及木头之类的有机物，而且识别出其中含有许多有毒的易溶于水的新的无机化学物质。他认为，正是各种各样的有机物的和新的无机物的混合，使得泰晤士河处于"极其污浊、腐臭不堪的状态"。于是，在相当长的一段时间，"泰晤士老爹"以一副"脏兮兮"的模样存留于世人心中。[3] 其结果，使得河里的众多生物和物质受到了这一糟糕状

---

① 转引自 Anthony S. Wohl. Endangered Lives: Public Health in Victorian Britain[M]. Cambridge, Massachusetts: Harvard University Press, 1983: 233.

② John Bostock. On the Spontaneous Purification of Thames Water[J]. Philosophical Transactions of the Royal Society of London (1776-1886), 1829(119): 287-288; 下载自档案网：http://www.archive.org。

③ "脏兮兮的泰晤士老爹"（Dirty Father Thames）是1848年《庞奇》上所登载的画家威廉·纽曼（William Newman）的一幅漫画的名称，它形象生动地描述了泰晤士河的污染状况。

况的侵害。对此，《庞奇》
（*Punch*）上的一首诗作了
如下的描述：

图 1.6　脏兮兮的"泰晤士老爹"

　　　污水和着屠宰废，
　　　害死我的香睡莲。
　　　特丁顿闸到诺尔，
　　　天鹅日益不鲜亮，
　　　再不愿来水中逛。
　　　百鸟弃我河岸飞，
　　　唯有雀儿恋我长。

　　　莎草悉受污水泡，
　　　岩礁尽被污水包。
　　　污水灌满我浴缸，
　　　眼睛鼻子全遭殃，
　　　双眼失明鼻不灵。
　　　发臭蒸腾加闷热，
　　　此乃声声怎了得！ [①]

　　该诗文所提及的动植物和其他物质，包括睡莲、天鹅、鸟儿、莎草、
岩礁等，它们与三文鱼一样，无一不成为泰晤士河污染的受害者。由此可
见，工业经济之于河流等自然环境的影响的范围和程度，从中也可以更好
地理解，在涉及危害三文鱼的污染物时，为什么芬摩尔的那位渔夫特别强

[①] Punch[J]. 1859-07-23, [2013-08-14]. http://www.victorianlondon.org/health/thamescondition.htm.

调"煤气厂排放的污水"、三文鱼渔业皇家调查委员会特别强调"煤气焦油、石灰、铅洗涤剂以及有毒物质"等最为致命。

图1.7 "泰晤士老爹"的"子女"——白喉、淋巴结核、霍乱

就这样，泰晤士河三文鱼因人类的生产和贸易发展所导致的河流污染而消亡。这一重大的历史变故，固然是这一物种本身的悲剧，但这一变故的悲剧意味绝不仅仅如此。由于三文鱼对英国人来说十分重要，[①]因此这一物种的消亡也就影响了英国人的生计、日常生活以及业余爱好。不仅如此，从上述诗文的内容中也可以看出，人类自身同样饱受着泰晤士河污染的侵害。正如英国社会史学者安东尼·沃尔所评论的："工业增长和排污系统的发展使许多河流变成了公共下水道或令人恶心的浊溪，气味恶臭，伤眼刺鼻，对鱼儿有害，对人有毒。"[②]的确，危及三文鱼生存的河流污染同样威胁着英国人自身的生命和安全，19世纪疫病流行、"大恶臭"（The Great Stink）的出现以及爱丽丝公主号灾难（Princess Alice Disaster）的发生，充分地证实了这一点。

从疫病来看，19世纪霍乱、腹泻和伤寒等流行病肆虐英伦，仅仅霍乱在伦敦就先后于1831—1832年、1848—1849年、1853—1854年以及1866年

---

① 参见David Milne-Home, F. R. S. E. Salmon and Salmon Fisheries[M]. London: William Clowes and Sons, Ltd., 1883: 3.

② Anthony S. Wohl. Endangered Lives: Public Health in Victorian Britain[M]. Cambridge, Massachusetts: Harvard University Press, 1983: 233. 这部著作中有论述空气污染和水体污染的章节，因而不期然地成为当代第一部涉及泰晤士河污染问题的著作。

发生了 4 次，它们在那里共造成了大约 40000 人的死亡。[①] 当时，英国人已认识到霍乱频发与水污染和河流污染的关联，譬如内科医师约翰·斯诺（John Snow, 1813—1858）在《论霍乱的传染方式》一书中即阐明了这一看法，他还特别分析了因泰晤士河河水污染而促使霍乱传播的问题。[②] "大恶臭"指的是 1858 年夏天在伦敦发生的因排放到泰晤士河的生活垃圾未经处理而臭气熏天以致伤人害物的事件。事件发生期间，"在河边作业的人员出现了恶心、腹痛、喉咙痛、头昏和暂时的失明"[③]；成千上万条鱼突然死亡；河岸边的社区腹泻流行；议会的工作甚至都一度受到了影响。爱丽丝公主号灾难则是 1878 年 9 月 3 日在泰晤士河中发生的一艘名为爱丽丝公主号的游轮与一条运煤船相撞以致 500 多人死亡的事故，[④] 事故地点位于伦敦桥（London Bridge）之下的贝津（Baking）和克罗斯尼斯（Crossness）的下水道出口附近。[⑤] 游轮的右舷一侧被撞，

图1.8　爱丽丝公主号灾难

---

① 参见 Bill Luckin. Pollution and Control: A Social History of the Thames in the Nineteenth Century[M]. Taylor & Francis, 1986: 74. 比尔·勒金的这本书被誉为 "一部开拓性的著作，开拓一种新的历史也即关于环境的社会史的一次勇敢的尝试。"（Anne Hardy. Book Review on BILL LUCKIN, Pollution and control: a social history of the Thames in the nineteenth century[J]. Medical History, 1987(2): 233-234）

② John Snow. On the Mode of Communication of Cholera[M]. London: John Churchill, New Burlington Street, 1855.

③ Dale H. Porter. The Thames Embankment: Environment, Technology and Society in Victorian London[M]. Akron: University of Akron Press, 1998: 71.

④ 关于这次事故的死亡人数，一说是 590 人（http://www.yellins.com/woolwichferry/thames/PrincessAlice.htm）；另一说是 640 人左右（http://www.thamespolicemuseum.org.uk/h_alice_5.html）。

⑤ Anthony S. Wohl. Endangered Lives: Public Health in Victorian Britain[M]. Cambridge, Massachusetts: Harvard University Press, 1983: 240.

断成两截，4分钟内迅速下沉。这一事故被视为环境灾难，因为在事故发生前一小时，每天两次排放的75000000加仑（340000立方米）的未经处理的污水，刚刚从这两个下水道排水口排出，于是人们认为污染严重的河水造成了在事故发生处落水的那

图1.9　"荒废大道"上的劫匪

些人的死亡。① 这一戏事故也因此被视为环境灾难。它的发生使得泰晤士河的污染状况广为人知。②

对于泰晤士河里三文鱼的绝迹以及上述的种种灾难，我们不妨概括为"鱼殇，人亡"；它们的发生，凸显出河流污染到底会有多么大的危害，以至于英国人自己不得不坦承，"由于我们的城市和工厂所产生的垃圾的毒害，我们的河流被毁，它们对于鱼类生命极其有害，对于其他所有生命毫无价值抑或充满危险，这是多么荒唐的事。"③

亡羊补牢的启示

为减轻上述荒唐之事的不利后果，并尽可能在特定的生长区内恢复或增加三文鱼种群，自这一鱼类在泰晤士河绝迹以及在英国的其他河流减少以来，英国人做出了许许多多的努力，甚至包括在世界其他地方培植这

---

① http://www.en.wikipedia.org/wiki/SS_Princess_Alice_(1865).

② Anthony S. Wohl. Endangered Lives: Public Health in Victorian Britain[M]. Cambridge, Massachusetts: Harvard University Press, 1983: 240.

③ R. B. Marston. The Thames as a Salmon River[J].The Nineteenth Century: A Monthly Review, 1899,45(266): 589.

一物种的尝试。譬如 1867 年，弗兰克·巴克兰在领受内政部（The Home Office）之命，出任三文鱼渔业检察员后，很快便组织力量，将包括三文鱼在内的生长快速的淡水鱼种引入新西兰和塔斯马尼亚或澳大利亚这些英帝国的新领地，以图增加国内的鱼类供应。于是，一箱箱冰藏的鱼卵被装上船，漂洋过海运送到南半球，投放到最洁净的河流之中。[①] 然而，在那些地方，当欧洲的鳟鱼鱼种安然生长时，大西洋三文鱼鱼种却彻底失败了。三文鱼向北行进、适于冷水的基因禀性，使得它们根本无法适应水温温和且有鲨鱼出没的南太平洋的广阔区域。与此同时，在英国国内，巴克兰巡视全国各地小型的三文鱼孵化场，并与其他的热心者一起，不断在泰晤士河进行放养三文鱼育苗的试验。[②] 由于这一试验屡屡失败，而且人们认识到试验失败的原因主要在于泰晤士河河水的糟糕状况未能有效地缓解，因此，为清理因工业污染三文鱼已然消失的河流而奔走游说，使泰晤士河等众多河流恢复生机并再次成为三文鱼河，成为像巴克兰那样的维多利亚时代的众多自然爱好者以及其他各方人士努力的目标。[③]

这样，由于多种因素的作用以及各方面力量的推动，在 19 世纪六七十年代，治理河流污染最终被提上维多利亚时代英国政治的议程。1866 年的《泰晤士河航行条例》（*The Thames Navigation Act*, 1866）即以严厉的惩罚规定，禁止向泰晤士河或 3 英里（1 英里＝ 1609.344 米）内任何与之相通的河道直接或间接排入任何新的污水或其他任何令人作呕的或有害的物质。[④]10 年后，英国历史上第一部防治河流污染的法律，也即《1876 年河流防污法》（*The Rivers Pollution Prevention Acts*, 1876）终于出台，从而开

---

① G. H. O. Burgess. The Curious World of Frank Buckland[M]. London: John Baker, Publishers, Limited, 1967: 107-108.

② R. B. Marston. The Thames as a Salmon River[J].The Nineteenth Century: A Monthly Review, 1899,45(266): 582.

③ 参见佚名 . The Thames as a Salmon River[J]. The County Gentleman: Sporting Gazette, Agricultural Journal, and "The Man about Town"（London, England), 1897(1859): 1661. Sourced from the British Library, Gale Document Number: DX1900948468; R. B. Marston. The Thames as a Salmon River[J]. The Nineteenth Century: A Monthly Review, 1899,45(266): 588-589.

④ Thomas Ashworth.The Salmon Fisheries of England[M]. London: Longmans, Green, & Co., 1868: 13.

启了治理河流污染的专门立法的进程。[①] 至于对泰晤士河污染的治理，一直以来英国人尤为用心和努力，从立法指导、行政协调到工程建设，相关举措不一而足。[②] 这是因为他们开始认识到，作为一个民族而应得的声誉中的最大的污点，莫过于有那么多的河流竟然变成了污水沟；如果伦敦以及坐落在泰晤士河边的其他城市能够将它们国家的这条河恢复到曾经有过的洁净状态，那么，它们肯定可以期待，利兹、纽卡塞尔、格拉斯哥、都柏林（今爱尔兰首都）以及其他上百座城市也会做到这一点。[③]

上述的治污努力持续了很长时间，投入了很多金钱，"二战"后尤其如此；仅仅在 1974 年泰晤士河下游出现三文鱼之前的 15 年，就投入 1 亿英镑来清理这条河流。[④] 15 年清理泰晤士河的努力和金钱投入，主要是由大伦敦市议会（Greater London Council，GLC）和伦敦港务局（Port of London Authority）协调进行的。当 1974 年泰晤士河下游再次出现三文鱼并引起公众的兴趣之后，在一般人看来，这条河流似乎有望恢复三文鱼洄游，而这可能意味着上述努力所取得的最大成就。但是，正如本篇开头所提及的，像惠勒先生那样的专家则认为，1974 年在泰晤士河下游捕获一条三文鱼并不具有特别的意义，因为它只不过证实了这条河的下游现在很清澈，可以养活三文鱼。但由于这里没有了这一物种的原种（native stock），个别出现的这条鱼一定是误打误撞闯入这条河的。自 19 世纪前半期的 20 年间三文鱼洄游因污染被毁，[⑤] 在后来的岁月里，一直不见三

---

① 参见郭俊 . 1876 年河流防污法的特征及成因探究 [D]. 北京师范大学历史学院，2004.

② 关于包括泰晤士河污染治理在内的英国河流污染治理问题，参见梅雪芹 ."老父亲泰晤士"——一条河流的污染与治理 [G]// 侯建新 . 经济—社会史评论第一辑 . 北京：生活、读书、新知三联书店，2005；陈瑞杰 . 试论 19 世纪中后期英国河流的污染和治理问题 [D]. 上海：华东师范大学历史系，2008.

③ R. B. Marston. The Thames as a Salmon River[J].The Nineteenth Century: A Monthly Review, 1899,45(266): 582.

④ H. F. Wallis. Salmon in the Thames[N].Illustrated London News, 1975-01-25: 28; Issue 6918, Illustrated London News Ltd., Gale Document Number: HN3100515779.

⑤ 惠勒先生也认同泰晤士河"最后一条"三文鱼于 1833 年 6 月被捕获的说法，参见 H. F. Wallis. Salmon in the Thames[N].Illustrated London News, 1975-01-25: 28; Issue 6918, Illustrated London News Ltd., Gale Document Number: HN3100515779.

文鱼向泰晤士河上游洄游，以抵达产卵场所，也就不见幼鱼返回大海。要使三文鱼重新洄游泰晤士河，就必须在这条河里重新放养三文鱼。而重新放养以及为便利三文鱼通过而清除所有的障碍物，这样的做法太昂贵了，因此三文鱼再一次洄游泰晤士河是希望渺茫的。[①]尽管如此，在泰晤士河水务局（The Thames Water Authority）工作的那位"渔家儿女"休·费什（Hugh Fish）先生却依然满怀希望；他认为，一旦他们英国人对泰晤士河下游的水质以及水流的力量感到十分满意，他们就可以料想（这鱼儿）是有可能会靠近的。果然，1974年之后泰晤士河里又多次出现三文鱼的踪迹，1975—1978年至少见到3条以上。[②]

自20世纪70年代末以来，当泰晤士河水质得到很大改善的时候，英国人在这里开展了一项令人瞩目的旨在这一流域恢复三文鱼的规划，将三文鱼投放到泰晤士河的多条支流。[③]这一工作最初取得了成功，20世纪80年代后期，每年有几百条三文鱼洄游泰晤士河。但是，近年来，洄游泰晤士河的成鱼数量再一次急剧下降，2005年降到最低点；这一年这里没有三文鱼捕获记录。[④]为此，由安德鲁·格里菲斯（Andrew M. Griffiths）——英国埃塞克斯大学生物科学学院分子生态学和进化小组的专家所领导的团队，对泰晤士河里有标记的和没标记的两类三文鱼进行了追踪研究。他们不仅鉴别了2005年以来上溯泰晤士河的没标记的野生成年三文鱼的来源，而且明确了影响三文鱼洄游的环境条件，这与水温、溶解氧和流量有关，从而揭示了自20世纪90年代中期到2006年洄游泰晤士河的成鱼数量再一

① H. F. Wallis. Salmon in the Thames[N].Illustrated London News, 1975-01-25: 28; Issue 6918, Illustrated London News Ltd., Gale Document Number: HN3100515779.

② 参见 Hugh R. MacCrimmon and Barra L. Gots. World Distribution of Atlantic Salmon[J].Journal of the Fisheries Research Board of Canada, 1979, 36 (4): 440.

③ 参见 D. Willis. Thames Salmon Rehabilitation Scheme: A Review of Current Position & Future Strategy[EB/OL]. http://www.scholarworks.umass.edu/fishpassage_unpublished_works/216/.

④ Andrew M. Griffiths, et al.Restoration versus Recolonisation: The Origin of Atlantic Salmon (Salmo salar L.)currently in the River Thames[J/OL].Biological Conservation, 2011, 144(11):2733. http://www.sciencedirect.com/science/article/pii/S0006320711002801.

次下降的原因。这是因为 1989—2006 年污洪（storm sewage）的排放量显著增大，由此大量的含高生物需氧量的物质被释放到泰晤士河感潮河段，这有可能降低了河水中溶解氧的含量，并阻碍了鱼类的洄游。此外，水流量低也可能是影响鱼类迁移的一个重要障碍。而 2005 年这里之所以没有三文鱼的记录，可能是因为流量低、水质差的相互作用，阻止了三文鱼溯泰晤士河而上。

上述研究所得出的一个明确的结论是：2005—2008 年上溯泰晤士河的没标记的野生成年三文鱼并非来源于投放到这条河的外生鱼种，它们主要是从英格兰南部的其他河流游来的，这意味着这一鱼类有可能在它们已绝迹的河流里开启自然地再移生（recolonisation）的过程。不过，该研究同时也特别强调，如果在河流通航、物种栖息地与河水水质方面没有相应的改善，长期放养的做法将是徒劳无益的。从这个意义上说，对三文鱼的保护战略，就像对其他大多数生物的保护一样，应该致力于生态系统的功能及其持续性的恢复，而不是这种顶级物种及其直接栖息地的恢复。唯其如此，三文鱼种群似乎才有可能会自然地恢复。[①]

无论如何，上述结论多少给那些一直期待三文鱼洄游泰晤士河的英国人带来了希望。因为三文鱼的历史变故始终缠绕在垂钓者和其他英国人的"破碎了的梦"中[②]，他们相信，总有一天三文鱼会洄游泰晤士河，譬如 1838 年建立的泰晤士河垂钓保护协会（The Thames Angling Preservation Society）就秉持这样的信念。[③] 如今，格里菲斯等科学家的研究结论，让人看到了坚守这一信念的力量。而他们在研究中强调的那些方面，则深刻

---

① Andrew M. Griffiths, et al.Restoration versus Recolonisation: The Origin of Atlantic Salmon (Salmo salar L.)currently in the River Thames[J/OL].Biological Conservation, 2011, 144(11):2733. http://www.sciencedirect.com/science/article/pii/S0006320711002801.

② 参见 H. F. Wallis. Salmon in the Thames[N].Illustrated London News, 1975-01-25: 28; Issue 6918, Illustrated London News Ltd., Gale Document Number: HN3100515779.

③ H. F. Wallis. Salmon in the Thames[N].Illustrated London News, 1975-01-25: 28; Issue 6918, Illustrated London News Ltd., Gale Document Number: HN3100515779.

地揭示了在泰晤士河恢复三文鱼种群的力量之源，这即是河流生态系统之功能的持续性的恢复。他们在表述这一思想时，还参照了 2010 年 9 月英国环境、食品和农村事务部（Department for Environment, Food, and Rural Affairs, DEFRA）发布的一份考察报告的核心观点。这份报告是由生物学家、约克大学教授约翰·劳顿爵士（Sir John Lawton）领导的研究小组在接受该政府部门的委托后所做并提交的，其核心观点凝结在"给自然腾出空间"（Making Space for Nature）这一主题之中，旨在为促进"生态英格兰"（Ecological England），尤其是"绿色长廊"（green corridors）的建设思虑、谋划。[①] 对于这一报告中的核心观点，格里菲斯领导的团队在跟踪研究泰晤士河三文鱼恢复规划的结果时特别予以强调，这在一定程度上表明，"给自然腾出空间"，树立生态系统健康理念，已然成为当代英国人关于如何开展包括河流保护在内的自然保护的共识。

至此，我们看到，从 19 世纪为了贸易和生产而利用河流等自然环境，并"彻底忘了三文鱼"，到今天为了人类和自然的福祉而保护自然，并强

图 1.10　伦敦泰晤士河全景

---

① 参见 J. H. Lawton, et al. Making Space for Nature: A Reviewof England's Wildlife Sites and Ecological Network, 2010[EB/OL]. http://www.archive.defra.gov.uk/environment/biodiversity/index.htm.

调"给自然腾出空间"，其间英国的发展模式及其思想认识经历了很大的变化。曾几何时，英国因在人类历史上率先进行工业革命，成为"世界工厂"和第一个工业化社会，从而迎来了工业繁荣、商贸发达和人口骤增的局面。这之下，与之连接的包括泰晤士河在内的众多自然水体，不仅作为运输货物的商贸航道得到了充分的开发利用，而且作为消纳废弃物的藏污纳垢之所发挥了巨大的作用。然而，就在人类的有意利用和无意加害之间，像泰晤士河这样的令英国人自豪的"高贵的河流"，不免成为公共的污水沟。其结果是，河流本身的生命力的枯萎和众多水生生物的消亡。到头来，英国人自身也为之付出了"命丧黄泉"的惨重代价。

今天，我们翻开英国环境史上这沉重的一页，再叙泰晤士河"最后一条"三文鱼如何落网的故事，揭示历史上这一繁盛的物种曾经如何在堰坝和污染物这两大"杀手"的合谋之下而亡，由此透视河流污染的严重后果，其意义不仅在于提示人们如何看待英国工业革命开启的工业文明的历史影响，而且在于启发人们如何从这一历史及其影响中总结并汲取教训。就此而言，格里菲斯等科学家所参考并强调的"给自然腾出空间"的理念，不啻是英国人积极反思之前的不当发展及其问题并汲取那段历史留下的教训的体现。从中，既可以看到像英国这样的西方发达国家在发展方面的大趋势，又可以看到它们在环保方面的新思路。这对于我们如何思考和对待自身当前的问题，尤其是在利用自然发展经济以惠及民众的同时，如何考虑自然本身的需要，为自然留出空间，增强生态系统健康意识，是有着启发意义的。譬如它可以启发我们深入考问并探究，在有关政府部门提出的"河湖水系连通"治水方略，以及实现中华民族伟大复兴的"中国梦"中，水生生物的生存、濒危物种的保护和生物多样性的存在等方面，到底占有多大的分量？

2 铜矿遗毒
——足尾矿毒事件与不屈的田中正造

图2.1　田中正造像

　　17世纪，日本足尾铜矿曾兴盛一时，但到江户末期时几近关停状态。明治维新后，该矿山由古河市兵卫购入，并采用当时欧洲的先进采矿技术。加之发现了数个大矿脉，足尾铜矿又迅速成为日本首屈一指的大矿山。足尾铜矿的产量急剧扩大，为日本实现近代化提供了重要的矿产与资金的来源，成为明治政府实现殖产兴业政策的重要组成部分。

　　然而，随之而来的是严重的环境破坏问题。开采铜矿过程中，古河矿业将大量的砷与重金属排入渡良濑川，这些毒素随着河流又进入沿岸的农田，

28

导致庄稼绝收、渔产锐减，农民也因食用有毒的食品而有砒霜中毒的症状。不仅如此，在上游地区冶炼铜的过程中，还排放了大量的二氧化硫有毒气体，农村重要经济来源的养蚕业受到致命打击，不得不举村移往他处。

政府面对矿毒四溢，不仅不制止企业行为，还准备将处于低洼区的谷中村整体搬迁到北海道，在原地建一个巨大的矿毒废水库。这时，栃木县选出的日本国会众议院议员田中正造挺身而出，在国会上多次质问政府，要求封矿处理足尾矿毒。面对历届日本政府的推诿，田中正造愤然辞去众议院议员一职。1901年12月，田中正造趁天皇出席国会开幕式返回皇居途中拦截天皇，希望能直接向日本最高统治者天皇控诉矿毒之祸。但是，这一愿望遭到护驾的警察阻止而未能实现，此后田中正造又只身一人住进谷中村，坚守反对矿毒第一线。日本的媒体对这一连串的事件进行了大篇幅报道，震动了整个日本社会。1913年，72岁的田中正造坚守在谷中村反对矿毒，最终客死他乡。此后，政府强制驱散村中其他残余的抗议人士，谷中村消失。足尾矿毒事件与田中正造的反对矿毒的运动是东亚进入近代工业化时期惨痛的一页，也是东亚地区民众第一次因环境问题而维权的运动，有许多地方值得我们去思考。

足尾铜矿的开采与渡良濑川环境的破坏

渡良濑川发源于日本栃木县和群马县交界之处的皇海山，上游的诸多支流①在足尾山区汇集，先是向西南流去，冲刷形成了一个被称为笠悬野的扇形冲积平原，然后转向东南穿过栃木县和群马县交界的馆林市，最终在茨城县汇入利根川流向大海。从16世纪起，日本列岛的经济重心全面向东转移，该地区距江户城（今东京）不过80千米，内河水路的疏通能够为这个巨大消费城市提供大量的物资，从而带动了河流沿岸地区的繁荣。渡

---

① 在足尾汇流的小河有内之卒川、涩川、庚申川、巢上泽、饼濑川、榆泽川等。

良濑川蕴含着丰富的水利资源，为农田灌溉提供了丰富的水源，总灌溉面积约1万町步①，并哺育了这一地区近30万的人口。两岸的手工业者还直接或间接地以渡良濑川的水作为动力进行纺织与染色的加工。得益于河流上游地区足尾山地的水源地涵养与保护，渡良濑川成为重要的水路、产业动力、灌溉水源，为本地区以及东京经济发展注入了活力。因此，从江户时代起，居住于该地区的人们就形成一种强烈的治水思想：对渡良濑川的水源涵养地加以保护，以保证河流总能保有一定的水流量供于灌溉与产业发展。

因为日本的丘陵地形和海洋性的气候，很多河流因短时间内的降雨，造成洪水泛滥。渡良濑川也存在着同样的情况，大约每隔3~5年就会因气候的变化发生水灾。江户时期，由于上游地区的水源涵养地得到比较有效的保护，3~5年一次的水灾既有其残酷的一面，如冲毁堤坝、毁坏房屋、夺取人畜性命无数，同时也带来上游森林里的腐叶土、淤泥等，为第二年的丰收提供了希望。然而不幸的是，这种生态平衡因为扇形冲积平原上游的足尾铜山的开发而遭到了严重的破坏。

足尾铜山最早发现铜矿矿脉并开始开采要追溯到16世纪，进入德川幕府时代，铜矿开采作为国家资源被将军家垄断，不准私人开采。终德川家一期，足尾的铜矿开采数量十分有限，而且到江户末期，铜矿的开采已经几近关停。明治维新后，日本开始大力发展民间资本主义，开放了国家控制下的足尾铜矿，1871年起允许民间资本介入铜矿开采。1876年12月，古河市兵卫与铜矿旧领主相马家签订合同，共同开采铜矿；随后，古河又拉拢日本资本主义之父涩泽荣一入资铜矿经营。这样，古河市兵卫通过与旧领主、新兴政商的结合，稳固了其在足尾地区开采铜矿的主导性地位。②

---

① 1町步≈1公顷。
② 古河市兵卫借助相马家与涩泽荣一的地位与名望成为政商后，于19世纪80年代中期先后清退了这二者的资本，此后古河通过与陆奥宗光的关系保持着政商地位，依旧是政府的座上宾。

加之，19世纪80年代先后在足尾铜矿发现了数个大矿脉，足尾铜矿的产量急剧提升。伴随着铜产量的激增，大量的废水也被排入渡良濑川，严重污染了下游的河流，出现了矿毒全面爆发的前兆，渡良濑川的鱼大批死亡。由于时代久远之故，目前没有发现当时渡良濑川具体的鱼产量的相关统计数据，不过可以通过田中正造在1892年5月24日向国会提出的质问函的数据，发现在19世纪80年代渡良濑川的从事渔业捕捞的渔夫人数出现如下变化，见表2.1。

表2.1　19世纪80年代渡良濑川的渔夫人数表[①]

年份	1881	1888	1890
渔夫人数（人）	2773	780	0

从上面这组数据多少可以推测19世纪80年代最初的几年里，在100千米长的渡良濑川上还有数以千计的渔夫从事捕捞业，渔业资源十分丰富。当时日本报纸的报道也可佐证渡良濑川美丽风光和清澈水资源。1881年12月1日《东京横滨每日新闻》称："渡过渡良濑川，水色绿但清澈如明镜，水中鱼儿的鳞光闪闪可以历数。"1883年10月1日《自由新闻》称："下野国渡良濑川每年秋季，能捕获大量鲇鱼、鲑鱼，该地居民从事捕捞者众。今年所获鲑鱼尤多，通常900目须售价三日元六十钱，最近价格已经下跌到七八十钱左右。"

但是，随着足尾铜矿开采量的激增，渡良濑川的环境很快就失去了原来的"灵气"。下列几则报道反映了当时渡良濑川水质遭到了严重的污染。

1886年8月12日《朝野新闻》称："香鱼皆无，栃木县足利町向南流的

---

① 田中正造全集编撰会. 田中正造全集：第七集[M]. 岩波书店，1977：57.

渡良濑川不知何故，今年开春以来香鱼罕见，让人匪夷所思。本月六日、七日发现一些香鱼全部像是很累的样子在游着，或者是潜在水底，不少香鱼已经死去随波漂走。人们争先恐后用网捕捞这些鱼，多则一两贯，少则数百条，小孩也能捕到数十条。捕鱼人观之，叹息今年的鲇鱼恐怕要没有收成了。这些情况，当地人都认为是亘古未见，皆因足尾铜矿排放的胆矾废水。"

1890年1月27日《邮便报知新闻》称："渡良濑川水族绝，渡良濑川乃穿过枥木县下足利、安苏、梁田三郡的河流……其水源为足尾铜矿……自从事制铜以来，该河的渔猎减少，今已全然绝迹，沿岸的渔夫全部失去生活来源。因此三郡之人……认为这均是足尾铜矿向该河流排放胆矾所致……昨日该地区人们在今川小路玉川亭会合……首先交付矿学会进行证明胆矾有毒的试验等。"

从上述的报纸资料可以看出，随着19世纪80年代的足尾铜矿的大规模开发，在短短的数年之内，渡良濑川的水质遭到了彻底的破坏。同时，大规模的铜矿开发也大量增加了对木炭和坑木的需求。足尾地区上游的森林因此遭到了毁灭性的砍伐，原本作为河流涵养水源地的足尾上游地区遭到严重破坏。雨量激增时，缺少森林涵养的洪水就裹挟着铜矿的废水倾泻而下，对下游的生态环境造成严重的破坏。

矿毒横流与农民的斗争

1890年8月，洪水如期而至。渡良濑川两岸被淹，矿毒随着洪水被扩散到赖以生存的农田中，是年受害农田颗粒无收，农民失去了一切生活来源。面对这种情况，渡良濑川沿岸的农民开始自发地组织起来，采取了种种应对措施。毛野村的早川忠吾到县立宇都宫医院要求对水质进行检测；吾妻村的村民则召开会议，向枥木县知事提出要求关停足尾铜矿的请求：

"为了一个人的营业，危害社会公益者，禀请停止该制铜所采掘。"①受害的村民以及地方的町村也开始逐步联合起来，各村商议后决定在矿毒问题上共同进退。面对农民们的请求，栃木县与群马县的政府也不得不作出了相应措施，1891年4月栃木县知事巡视各受害町村，决定开展调查；群马县则联合农科大学、农商务省调查耕地受害原因，并研究去除毒物的办法。不过，日本中央政府方面对反对矿毒运动态度消极。农科大学在7月提交了土壤分析报告，同时结合相关的调查成果，编撰了《足尾矿毒——渡良濑川沿岸被害事情》一书，该书很快就被政府禁止发售。时任农商务相的陆奥宗光对足尾铜矿的违法行为与追究企业责任也十分冷淡，农民所要求的关停铜矿更是被列入严禁谈论之列。

矿毒的危害逐步扩大并被民众所认识，为了能够消除矿毒，足尾附近的农民们将斗争对象直指责任企业，成为东亚地区在实现近代工业化进程中最早要求政府必须关停责任企业的先驱者。在开展反对矿毒运动的同时，农民们也开始与责任企业进行交涉，要求企业对受害民众予以补偿，这一要求也成为此后日本环境运动的重要组成部分（补偿金交涉）。

1891年9月，栃木县当局就如何补偿受害町村的民众和古河市兵卫达成了初步的协议。这一消息传至乡里，原本一致要求铜矿停业的运动发生了分裂。一部分富裕阶层代表的町村长等人认为很难与有政商背景的古河矿业作斗争，加之他们除了在村中拥有农田之外还有诸多其他产业，因而主张接受补偿；而中下层受害农民在农田被毁之后，已无退路则坚决要求必须关停足尾铜矿。

在此关键时刻，1890年刚刚从栃木县选区当选为国会议员的田中正造挺身而出，在第二次帝国议会上，根据《日本帝国宪法》第27条中规定的"不可侵犯日本臣民其所有权"，要求政府必须对农民实施救济，并采取

---

① 足利市. 足利市史（近代）：别卷史料篇，矿毒[M]. 1976：66.

措施防止毒害的扩大；^①再根据《日本坑法（矿业法）》的矿业条例，指责"农商务相包庇古河市兵卫，关系密切，农商务相作为国家重臣，让人感觉到是以公谋私，无法取信于民"。^②面对这种质问，陆奥宗光在政府答复书中回答道："原因尚不明确，正在实施调查，矿主在进行预防措施的建设并从美德两国购入粉矿采集器，今后可以防止矿毒流出。"这种不痛不痒的回复，没有从根本上追究肇事企业，特别是政府解释的粉矿采集器可以防止矿毒流出成为日后反对运动扩大的导火索。

正是政府的出面调停，加之农民反对矿毒运动的内部分裂，栃木、群马两县最终与古河矿业达成了初步协议：古河矿业出于道义支付和解金；以1896年6月30日为限，观察粉矿采集器的效果，签约之人在此期间内不得申诉；古河矿业努力保护好水源涵养林。古河矿业所支付的和解金与实际的受害情况几乎没有任何直接联系，只是十分小额的补偿金，平均1町步的农田只给85钱9厘。这个金额是什么样的概念呢？1町步当时大约能够年产300~360千克大米，以1892年日本的大米价格而言，大约售价为15日元上下，85钱9厘的价格等于只是受害农田年产量的1/20！

在政府动员农民与足尾铜矿签订和解补偿的同时，田中正造继续在帝国议会上要求关停铜矿开采。但是，政府对田中喊出的反对和解、防止矿毒的要求几乎是充耳未闻。1893年起，足尾铜矿引入了德国的贝希默提炼技术，生产能力进一步提升。古河市兵卫在1892—1893年，与受害农民签订了第一次和解补偿后，认为通过政府的武力威吓与金钱能够平息当地农民的不满，于是开始准备与农民们签订第二次和解补偿以彻底解决反对矿毒运动。此时，已经临近中日甲午战争，日本进行了国家总动员。地方官员利用战争强制征兵的命令到各农民家中威胁，要求签字画押，甚至一些郡长代理、郡吏到农村用金钱和权力软硬兼施，迫使农民签订和解补偿

---

① 佐江众一. 田中正造[M]. 岩波书店，1993：61.
② 佐江众一. 田中正造[M]. 岩波书店，1993：62.

契约，如果拒绝签约的话，夜里就会派去打手强行画押或殴打居民等。[①]
第二次和解补偿协议的签订完全采取威胁、恫吓的办法，所达成的和解金额也几乎和第一次的金额一样低。日本当时为了转移明治维新所积累的国内矛盾，转而对外发动侵略战争，通过天皇专制统治的高压，迫使农民们签订了条件苛刻的和解补偿协议。也正是这种做法，随着矿毒继续污染农田，将民众压抑于内心的怒火引向了最终爆发。1896年发生了大洪水，受害的农民们奋起反抗，这也就有了下文的"川俣事件"。

足尾铜矿在日本资本主义发展初期的地位

足尾铜矿为何能在如此激烈的反对矿毒运动中，依然我行我素逐步扩大生产呢？下文将就足尾铜矿在近代日本资本主义发展初期所处的地位及古河市兵卫与明治政府的关系展开分析。明治维新后的日本政府从旧幕府及各藩继承了当时日本所有的军工厂、矿山等，在"殖产兴业"的政策指导下，明治政府采取官营形式控制了这些企业。同时，明治政府还积极保护、促成私营近代工业的发展。但是，日本作为后发资本主义国家，在当时根本无力完成资本的原始积累，民营资本也无法独力完成资本主义产业实现近代化。于是，自19世纪70年代起，明治政府将除军工厂以外的大部分官营企业全部下拨民营，通过搜刮农业所获的资金用以保护这些所谓的"民营企业"，培育出了日本近代的财阀。随着政商色彩浓郁的民企逐步扩大，日本近代财阀开始涉足矿山、钢铁、铁路、电信、造船等关系国家经济命脉的行业，到1886年为止，日本近代资本主义基本上完成了最初的原始资本积累。其中作为国家重点扶持对象的矿业而言，日本的矿业在政府扶持之下获得了长足的发展，其中铜矿更是成为这个时代重要的出口产品，是明治维新时期日本获得外汇的重要支柱产业。

---

① 田中正造全集编撰会. 田中正造全集: 第七集[M]. 岩波书店, 1977: 57.

表2.2 19世纪最后20年间日本铜出口量变化表[①]

年份	1882	1884	1886	1888	1890	1892	1894	1896	1898	1900
出口率（%）	49.2	59.3	100.4	72.4	107.6	87.4	76.9	72.6	79.3	82.0

如表2.2所示，在19世纪最后的20年里，日本长期保持铜矿的80%产量用以出口。铜在日本资本主义经济发展初期，和生丝、茶叶都成为日本获得外汇的大宗商品。也正因为铜出口对明治维新的重要作用，使得铜矿企业在整个国家当中也隐约获得了一种超然的地位。足尾铜矿从1877年由古河市兵卫入股经营后，其产量开始稳步提升。19世纪80年代中期起，足尾铜矿进入迅速扩张时期。1884年，足尾铜矿的产量占整个古河矿业的67%，占整个日本铜产量的25.7%，足尾铜矿成为日本首屈一指的大铜矿。此后，足尾铜矿的产量继续保持快速增长，所占比重也逐步增加。1891年前后，足尾铜矿的产量达到日本总产量的1/3。在此之后，足尾铜矿占全国的比重即便有所下降，但其绝对产量依然在增加，仍然是日本第一大铜矿。

足尾铜矿能够获得如此大的发展，绝不仅仅是该地区蕴藏丰富的铜矿资源这么简单，铜矿的发展与政商背景的古河市兵卫有着密切联系。如前文所述，古河市兵卫先是拉拢足尾的旧领主一同开矿，接着通过拉拢日本资本主义之父涩泽荣一加入开矿行列，因此古河在资金方面得到政府的重点扶持，并以此扩大生产成为日本第一大铜矿。古河市兵卫和涩泽荣一之间的"暧昧"关系，是其获得成功的重要先决条件。古河顺利进入日本大资本家行列后，并不满足于仅依靠涩泽荣一的庇护，将他的二儿子过继给维新功臣陆奥宗光做养子。这样，古河矿业从原来只是一家普普通通具有政商背景的企业，一下子上升为以当时日本内阁作为后台的大企业。古河

① 古河矿业株式会社. 创业百年史[M]. 1976: 73.

还聘请陆奥宗光的秘书原敬（1918—1921年任日本首相）担任副社长，正因如此，农民们反对矿毒的运动多次受到时任农商务相的陆奥宗光阻止与破坏。

表2.3　足尾铜矿与古河矿业的铜产量及其占日本全国铜产量的比重表[①]

年份	古河矿业产量（吨）	足尾铜矿产量（吨）	足尾铜矿占古河矿业的比重（%）	足尾铜矿占日本产量的比重（%）
1877	149	46	30.9	1.2
1881	370	172	46.5	3.7
1883	1671	647	38.7	9.6
1884	3411	2286	67.0	25.7
1885	5250	4090	77.9	38.8
1890	7589	5789	76.3	32.0
1891	7681	7547	98.3	39.7
1892	7397	6468	87.3	31.2
1897	7964	5298	66.6	26.0
1900	8924	6077	68.1	25.0

明治维新时期的日本，一方面学习西方采用了德意志的立宪政体，另一方面还强化了绝对主义的天皇制度。明治政府虽然于1890年前后颁布宪法、开设国会，但国家的中枢则牢牢地控制在地主阶级与特权资本家为代表的天皇权力之下。因此，古河市兵卫通过与陆奥宗光的关系，成为藩阀政治体制所庇护的主要对象。第一次和解补偿金就是在政府的全力配合之下，迫使农民签订了低额的补偿金协定。到第二次签订和解补偿金协议

---

① 由井正臣．田中正造[M]．岩波书店，1984：119．

时，更是利用日本进入战争动员的特殊状态，表面上冠冕堂皇地要求农民必须为国家做出牺牲，而实际是为了抑制农民的反对矿毒运动，农民的牺牲成就了古河矿业发展成为日本最大的铜矿企业。

图2.2　足尾铜矿

川俣悲歌与不屈的田中正造

足尾铜矿排放的废水对周围环境造成的破坏越来越严重，1896年9月大洪水过后，田中正造等组织了栃木·群马两县10个町村的有志之士，在云龙寺设立了栃木·群马两县矿毒事务所。事务所成为当地农民反对足尾铜矿排放污水的运动中心，这就一改以往两县町村各自为战的局面，他们要求关停矿山、组织其他町村加入联合斗争队伍，迅速提升了反对矿毒运动的声势。

农民们为了迫使政府出面处理足尾铜山矿毒，决定发起进京请愿游行。1897年3月2日，游行第一次聚集了大约2000人。虽然这时的足尾铜矿已经有了通往东京的铁路，但农民们因铜矿的流毒而颗粒无收，根本无力购买火车票，他们只能各自带上干粮徒步进京。这次，农民们见到了新任农商务相榎本武扬，他承诺将去足尾视察并处理矿毒。随后，农商务省于是年11月向足尾地区派出了农事实验所的技师调查，12月象征性地设置了足尾矿毒调查委员会，并没有采取任何实质有效的措施。回乡的农民们面对政府的敷衍了事，感觉上当受骗之后又发起第二次（1897年3月24日）请愿。这次聚集起了7000人左右的队伍，不过警察早就获悉情况，他们提前将通往东京必经之路的川俣浮桥拆掉了。只有部分农民游过对岸在警察的押送下进东京，却没有见到农商务大臣。此后，时任众议院议员田中正造在国会质问了政府并在东京各地进行了演讲，日本政府不得不要求矿山方面建设了一个巨大的矿毒沉淀池以平息农民的愤怒。

回顾这段日本资本主义发展时期的历史，需要指出明治政府中负责工矿业、农林渔业、商业的部门是负责制定殖产兴业政策的农商务省。甲午战争后，该省进一步确立了以工业立国的政策，促进出口换取外汇，同时购入西方先进的重工业设备与武器成为工作的重中之重。加之从19世纪90年代起，日本在实现近代化过程中，地租地税的收入比重不断下降，农业所占国民经济的比例越来越小。时任内相的桦山资纪与农商务相榎本武扬在回复田中正造的"答辩书"中讲道："将来矿业与农业冲突的情况下，必须认识到采取恰当的方针，并对此进行各种调查。"[①]可见当时的农商务省认为，应该以工矿业为主，以牺牲农民和普通劳动者的利益实现国家工业化的发展，促进"饥饿式"的出口是当时的首要任务。

1898年的夏天暴雨倾盆，足尾铜矿修建的沉淀池决口一泻百里，积攒在沉淀池内的矿毒更是肆意横行，毒害了更大面积的农田。1898年9月26日，大约1万名农民又再次从云龙寺出发进京，这一次政府出动了宪兵和警察。田中正造深知农民们遭受的损失与苦难，出于对农民本身安全的考虑，加之田中正造所在的宪政本党刚刚成为执政党，他认为可以直接与同为宪政本党的农商务大臣对话，于是劝说农民们返乡。田中与50名代表进京，坚守反对矿毒运动的第一线，此后田中等人与农商务相就足尾矿毒进行了谈话，事件似乎到了峰回路转的地步，但是宪政本党的政权没有持续多久就下台了，田中此前所做的努力全部化作了乌有。

---

① 田中正造全集编撰会. 田中正造全集：第六集[M]. 岩波书店，1977：51.

1899年的秋天，洪水再次来袭，矿毒进一步扩散，农民们的愤怒在积蓄，田中等代表继续留在东京向国会控诉矿毒，并发誓不实现目标绝不返乡。1900年2月13日的凌晨，群马县馆林市

图2.3　馆林云龙寺本堂

下早川田的云龙寺的钟声急促地敲响了，而且一直不停地敲着，云龙寺附近20千米以内的农民们应声向云龙示寺聚集，农民们都身披蓑衣、腰带便当、脸上抱着决死的愤怒，决定发起第四次进京请愿大游行。云龙寺的主持第一个站出来鼓励众人："我辈之死，换的万人之生方显死的意义。可能这是诸君最后的运动了，但为了换得渡良濑川被害农民30万人的生，让我们一起奋身前进吧。就像火车在轨道上前进一样，什么障碍也阻挡不了我们。佛祖也会保佑我们的。"[1]

接着是东京专门学校（现为早稻田大学）的青年学生左部彦次郎的演讲："我们所采取的行动是行使帝国宪法所赋予的请愿权，并不违反法律。我们为了实现正义公道，农商务省门前将成为我们死亡并获得尊重之地，让我们堂堂正正地出发吧。"[2]左部彦次郎后来也成为日本学生运动的先驱者。演讲完毕后，请愿队伍向80千米外的东京前进，途中不断有人

① ②佐江众一. 田中正造[M]. 岩波书店，1993：13.

加入，一共聚集起了约12000人（日本警察方面称2500人）。队伍在抵达川俣浮桥前经过了馆林市区，齐声高唱《矿毒悲歌》：

> 我身染剧毒，孕妇皆流产。少妇若无乳，何以育二三。触毒者皆倒……啊，为了我们的土地，为了我们的国家，死又何惧。啊，为了守护我们的宪法，死又何惧。今天的政府为何要虐待我辈，早日让渡良濑川恢复清澈吧！

等农民们穿过馆林街道后，在川俣等候多时的宪兵与警察开始受命阻止游行队伍继续向前。农民们高喊着"集会与政治结社是宪法赋予的权利，前进、前进！"全副武装的警察们开始动手镇压游行队伍，警棍、警剑在挥舞着，游行队伍被冲散，现场有15名农民被逮捕。事件发生后的半年内，警察陆陆续续又逮捕了100多个参与游行的农民，其中51人以"凶徒

图2.4　参与川俣事件的农民

图2.5 川俣事件冲突之地

啸聚罪"的名义被判刑。这就是日本反对环境污染史上赫赫有名的川俣事件。

事件爆发的当天，田中正造并不在场，此时的他正和数十个农民代表在东京坚守着反对矿毒污染的最前线。是日，田中在日本第十四次帝国议会众议院上进行演讲。田中正造已经60岁了，这在当时平均寿命只有40多岁的日本而言，早就是一个应该回家颐养天年的老者了。而此时，田中正造如同一只战斗的狮子，在国会大堂上发出了怒吼：

> 矿毒残害人命，而且还在继续为害地方。而有秩序进行请愿的受害民却被地方官员拘捕，即便进入东京也不被允许与当局大臣会面，这到底是为何？渡良濑川是上天赐予的清澈之河，却成为古河市兵卫经营的足尾矿山的排污水道，遵守宪法的天皇陛下的臣民为之困顿，被屠杀。而作为人民代表的政府却封堵请愿之路，这是多么可悲的笑话。为了阻止矿毒，恢复河流，必须关停足尾铜矿，而所谓的足尾铜矿已经做了防范措施的说法是站不住脚的。为了一个恶人的利益，用政府的资金赚钱，这个政府等于就是名存实亡了。[1]

田中正造在国会上阐述了四个方面的内容：第一，日本宪法规定了国

---

[1] 佐江众一. 田中正造[M]. 岩波书店，1993：18.

民享有的权利与义务，日本是一个立宪政体国家，是通过国民代表进行政治上统治的议会国家；第二，一家企业如果排放矿毒，那么将失去作为国民享有的权利与义务；第三，政府为了保护国民的权利与义务，应该接受矿毒受害民众的请愿，关停

图2.6　川俣事件纪念碑

古河矿业的足尾铜矿；第四，如果上述不能遵守，则宪法受到破坏，国民将失去权利与生活秩序，所谓的议会政治也将形同虚设。

　　田中正造提出的这些问题，在国会上引起一些议员的共鸣。但是，明治政府仅在名义上采取了立宪政体，实际上内阁不需要对国会负责，因此田中正造作为国会议员所能做到的也只是在国会上发出反对矿毒的声音，而无法追究执政内阁的责任。当天下午，川俣事件的具体消息传到东京，田中正造万分愤怒。第二天，他又向国会提出了更为强烈的质问信，质问政府为何动用警察镇压诉求国民正当权益的行为。他所得到的是内大臣西乡从道的回答："所说之事子虚乌有。"农商务大臣回答："农商务省不认为损害是由矿毒所导致的"。

　　田中正造被政府的行为与态度所激怒，他的内心是十分痛苦的。一方面作为宪政本党的议员，他期待实现真正意义上的立宪政治与政党政治。另一方面，现实的明治政府采取的所谓立宪政治彻底的击碎了他的幻想。此时的他，已经下定决心辞去所谓的"国会众议院议员"，以更无牵无挂之躯猛烈反对政府。田中正造在经历了一番思想上的斗争后，于两天后的2月17日，在国会上进行了日本议会史上有名的"亡国演讲"。

亡国演讲与直接上书天皇

川俣事件爆发后的第四天（1900年2月17日），田中正造再次在国会向政府提出了严厉的责问——《不知亡国将至即为亡国之象的质问书》。

> 诸君往往认为国家、政府会去处理的，这其实是错误的想法。政府如果不认识这一点，甚至愚蠢到不知道这是灭国之兆，那就是亡国将至。政府放任矿毒泛滥，屠戮人民就是屠杀国家。政府若无视法律的存在，政府就将国家视若无物。屠杀人民、无视法律，这难道不是国家已经灭亡的表现吗？[1]

田中正造在国会上的质问将国家、政府、人民做了详细的区分。政府及人民代表的国会一味地袒护古河矿业、任由企业排放的矿毒横流，最终对渡良濑川流域内的农民造成了巨大的伤害，而受害的民众仅仅以合理合法的方式进行诉求之际就遭到警察的镇压。田中正造是要告诉国会议员们，足尾的情况说明了政府与国会正在屠杀人民，而屠杀遵守宪法的人民则说明国家已经"灭亡"了。在田中正造看来，国家是人民的，正因为有人民才有国家，而屠杀人民就是亡国的征兆。田中正造还激情饱满地将矛头指向了明治政府的官员，认为政府存在的腐败也是亡国之兆。

面对质问，时任日本首相的山县有朋无法正面回答田中正造，4天后政府在答复中提及：对所提问题不得要领，不作回答。当时的日本政府并不是不知田中正造所提问题的要领，也不是不知道足尾地区存在的矿毒问题，最终以这种答非所问的方式敷衍了事。政府之所以敢于以这种方式答复，完全是由于明治宪法本身的矛盾所造成的，内阁所代表的政府并不是由国会的多数派产生，内阁大臣的任命主要由元老、军方、宫内等各方势

---

[1] 佐江众一. 田中正造[M]. 岩波书店，1993：88－89.

力协商妥协后产生，因此政府无须对国会负责，自然不会对一个国会议员所提问题作出任何实质性的回应。回首近代史，日本的"亡国"也正是从这个时代开启的，政府无视人民的利益，逐步扩大对外侵略战争推行大陆政策，最终玩火自焚战败投降。

田中正造从1890年当选国会议员以来，一直为足尾矿毒而奔走疾呼，也见惯了国会、政府的不理不睬。但是1900年9月，古河市兵卫不仅没有因为矿毒而受到追究，反而因其经营矿山"有功"获得了从五位之位①的封赏。而反观川俣事件的审判结果，那些完全无罪的农民仅仅"履行"了宪法规定的请愿权，履行了一个国民应有的权利而已，就被判以"凶徒"，29人被判刑，22人被判拘禁。坐在裁判所旁听席上的田中正造无法在法庭上发出自己的抗议，只能以无声的"打哈欠"表示了不满。仅仅这样一个小动作，也不被法官放过，法庭当庭认定其为"侮辱官吏罪"应被问责。这几件事情的连续发生，很大程度上动摇了田中正造继续从政的决心与信念，他为之信仰的明治宪法不过就是一纸空文，与其在徒有其表的议会政治中继续问责政府，继续被一群只顾政党利益的同僚们所异化，还不如早点辞去国会议员，以更自由之身与足尾矿毒做斗争。从这个时候起，田中正造对议会政治的信仰与幻想已然破灭了。到1901年3月，田中正造最后一次以国会议员的身份再次用"亡国演讲"内容质问政府，同时还质问政府为何将从五位的位阶授予残害民众的古河市兵卫，田中正造像一头年迈的狮子在国会上发出了"最后的一吼"。

是年10月，田中正造辞去了国会众议院议员。此后的他不再是一位政治家，而是以他常常自称的一个"下野百姓"的身份继续进行抗争。他还联络了许多关心和支持运动的人士，使得当时的日本舆论开始对足尾矿毒

---

① 从五位：正五位之下，正六位之上的位阶。近代日本位阶制度参照了古代的位阶制度，规定从五位以上的位阶者均为贵族，明治时期通常只有华族的嫡长子才能封从五位。因此，从五位的位阶又往往被人作为代表华族嫡长子的称呼。作为商人出身的古河市兵卫能够以其经济成就跻身华族行列，这显然是明治政府对这种政商所赐予的殊荣。

进行了一些报道。不过，这样的抗争对于制止矿毒几乎起不到任何作用，也约束不了古河矿业。田中正造的心中逐步形成了一个大胆而又冒险的想法。

《明治宪法》的第一条规定了"大日本帝国由万世一系的天皇统治之"；第四条规定了"天皇为国家元首，总揽统治权，依据宪法规定实行之。"田中正造认为既然日本的最高统治者既不是内阁总理，也不是国会，而是天皇的话，那么能够解救30多万的渡良濑川的天皇臣民也只有天皇本人了。于是，田中正造开始着手直接向天皇上诉的准备。1901年12月10日即将召开第16次帝国议会，而且这一次天皇也将出席会议开幕式，田中正造认为这将是一个千载难逢的好时机。田中正造本身学问并不高，常以"无学"自称，向天皇上诉的文书绝不是他的强项。于是，田中正造请到了当时的社会主义者幸德秋水（时任《万朝报》的记者）代写上诉文书。幸德秋水接到这样的委托，甚是为难，他十分担心田中正造会因此而被判处极刑。当时的日本，冒犯天皇是重罪中的重罪，这一点从日后的"大逆事件"[①]就可以看出。田中正造抱定决死之心言道："这个正造虽然曾被选为人民的代表，但一无所成。看来很多时候除了直接送达天皇之外，别无他法了。一介下野百姓，若能以老朽之躯救得矿毒中挣扎的百姓，那就值了。"[②]幸德秋水为之动容。

12月10日早晨，田中正造早早来到了国会的会客厅，一遍又一遍默记着幸德秋水代写的文书。上午11时许，天皇的马车从众议院驶出，田中正造从沿路跪拜天皇的人群前穿过，到通用门前等候。不一会儿，天皇的马车在近卫骑兵的护卫下从田中正造面前穿过。田中正造从人群中跑了出

---

① 注：幸德秋水，日本社会主义活动家，曾组织平民社，创办《平民新闻》等。1910年因与社会主义者有牵连的人带炸药进厂，被政府诬称为图谋刺杀天皇的大逆事件，明治政府根据刑法第73条"对天皇、太皇太后、皇太后、皇后、皇太子及皇太孙施加危害或意欲施加者处以死刑"，大肆抓捕社会主义者。幸德秋水等人受到牵连，在非公开审判的情况下被处以绞刑，日本的社会主义运动也因此遭受到严重打击一蹶不振。该事件也成为明治天皇执政后期的一大历史污点。

② 佐江众一. 田中正造[M]. 岩波书店，1993: 102.

来，右手拿着上诉书边跑边喊"求您了，天皇陛下万岁求您了。"此时，一名骑兵见状不妙，赶紧持枪上前意欲挡在田中正造的正前方，不过，为时稍晚，竟让田中正造神奇般地冲到了天皇马车的车窗外，靠近马车后，田中正造伏地跪拜天皇。而前来阻挡的骑兵，不知因何缘故（可能受到田中的惊吓）坐骑竟前腿抬起将骑兵重重地摔于马下。田中正造抱着必死之决心跪拜于天皇马车之外，那时刻的神情早就将生死抛诸脑后。回过神来的警察们这才赶到天皇车驾旁，抓住田中正造双手将其仰面按在地上，明治天皇依旧保持着那种威严，缓缓从田中正造面前通过。

这一事件可谓是近代日本确立君主立宪制以来空前绝后的大事件。第二天，东京的各大报纸几乎都对田中正造拦截天皇马车的直诉足尾矿毒事件进行了报道，一时洛阳纸贵。有的报纸对正造的行为报以了同情之心，有的报纸认为正造犯下了"大不敬之罪，万死亦难辞其咎"。[①]在这场争相报道田中正造直诉天皇事件之后，足尾矿毒事件的真相终于为普通日本民众所知晓。田中正造因拦截天皇也被警察带走调查，明治天皇没有追究其罪行，最终被赦免无罪。但是，前文讲到在川俣事件判决法庭上，田中正造"打哈欠"被法官视为大不敬，法院的判决于1902年5月下达，田中正造因为生理上的"打哈欠"被判处拘禁40天、罚款5日元，关进了巢鸭监狱，这在世界判决史上也是亘古未有的奇闻。

出狱后的田中正造发生一些转变，将更多的精力用以救济受害地区的民众。同时，他也看透了明治政府的本质，与其谋求正面的抗争，不如转而向政府与责任企业监督其建设矿毒废水池的方案。此后，明治政府开始着手建设矿毒废水池的计划，政府决定将渡良濑川沿岸的谷中村整体搬迁，建成废水池。这一决定遭到了谷中村农民的坚决反对，田中正造毅然加入到反抗斗争的队伍。从1904年7月起，田中正造正式移居谷中村，反对

---

① 关于田中正造拦截天皇马车直诉事件，日本当时的各大报纸对事件的描述略有出入。参见小西德应. 田中正造研究：直诉报道和研究史[J]. 明治大学社会科学研究所纪要，1996，34(2).

政府的并村计划。不过，明治政府最终还是下达了强制并村计划，宣布留村者均视为犯罪者一律逮捕的通告。1908—1911年，谷中村的居民大部分被移往北海道常吕郡。田中正造留守谷中村继续战斗，在此期间他从反对环境污染的政治家转变为环境治理的思想家，对环境问题、治水问题有了更加深刻的理解，他还调查了日本关东地区的各大水系，形成了独特的治水、治理污染的思想。

1913年9月4日，田中正造身患癌症病死于谷中村，生前他将所有财产都用作了反对矿毒运动之资，身后不留一文。10月12日在佐野的惣宗寺举行了田中正造葬礼，渡良濑川附近的居民数万人前往送别。田中正造的反对矿毒事迹为渡良濑川流域的各县民众所敬仰，他的遗骨被分为六份分别葬于栃木、群马、琦玉等地，成为当地民众心中的"水神"。田中正造死后不久，政府强制驱散村中其他残余的抗议人士，地理上的谷中村从地图上消失了。

近代日本在推行"殖产兴业"政策，虽然高唱涩泽荣一的"义利两全"①，即企业经营过程中，需要将利益与正义（伦理）的两个方面加以结合，但现实经济的发展却是见利而忘义。足尾铜矿作为殖产兴业政策的代表性企业，在其发展过程中，古河市兵卫得到了涩泽荣一的大力支持，最终发展成为日本首屈一指的矿产大企业。在光彩夺目的数据背后，足尾铜矿开采过程中还带来了环境破坏、对人体健康的损害、农村社会共同体的消亡等黑暗的一面。田中正造死后，足尾铜矿的开采还在继续，但面对民众的反对运动也不得不采取一系列防范矿毒措施，一直到1973年才最终关闭，而铜矿精炼所直到20世纪80年代才最终熄火。足尾矿毒事件在东亚文明发展史上有着重要的意义，事件处理因当时日本有名的政治家与大企业之间的秘密关系而变得扑朔迷离，运营古河矿业的虽然是古河市兵卫，

---

① 涩泽的思想来源于儒家学说，他从"道德经济合一"出发，结合了提倡阳明学的三岛中洲的"义利合一说"，最终发展成为"义利两全"。

而造成足尾矿毒事件的实际源头却是农商务省。面对这种人祸，田中正造以坚忍不拔的精神对近代文明所带来的黑暗进行了深刻的揭露与斗争，他常常自称"下野的百姓"、"无学的百姓"，以儒家的"行万里路"、"重视道德"、"实践的精神"反驳着政客与政商的巧令言辞。

　　足尾铜山今天成为日本重要的产业观光遗址，政府花费了大量的人力物力修复曾经被破坏的山林、河流，还修建了田中正造纪念馆。在2011年3月11日日本大地震后，日本不少民众认为日本政府的政客与东京电力之间也有着诸多说不清道不明的关系，正是这层关系使得东电在处理福岛核电站泄漏事故中，总是在推卸责任、处理不力。与此同时，日本民众开始从历史上的足尾矿毒事件和田中正造的事迹寻找借鉴，甚至在田中正造逝世

图2.7　田中正造纪念碑

百年之际，数万民众组织再现了田中正造当年下葬时的情景。随着时光的流逝，有的名人逐渐褪色，有的却熠熠生辉。田中正造正是属于后者，历史学家及社会运动的相关学者从田中正造的事迹与足尾矿毒事件中吸取历史的经验与教训，他的思想也日益受到世人的关注与再解读。田中正造对人类文明与环境的关系作出了十分精辟的思考："真正的文明，是不荒废群山、不作践河川、不破坏村庄、不杀戮人的文明……今日之文明却是虚伪、是粉饰，纯粹为了私欲，是露骨的强盗行为。"虽然田中正造已去世100年，但他对环境与现代文明所发出的警世恒言依然是振聋发聩的。

3 | 垃圾堆里的环保斗士
——小乔治·华林与纽约市街道卫生改革

    1987年3月22日，从纽约长岛艾斯利普镇出发的一艘载有3168吨垃圾的船，顺着美国东海岸南下，途经美国沿海十几个州和墨西哥湾上的三个国家，寻找倾倒之所。被拒之后，这艘臭烘烘的垃圾船不得不返回纽约，于该年10月将船上垃圾送到布鲁克林进行焚烧，并将灰烬送回艾斯利普进行填埋。[①] 2001年3月22日，纽约市正式关闭了坐落于斯塔滕岛的弗莱西基尔斯垃圾填埋场。[②]这个有着55年历史的垃圾填埋场，高度超过自由女神像25米，被认为是世界上最大的垃圾填埋场。在当地人和美国环保署的压力下关闭后，它将被改造成一个公园。这类关于纽约市垃圾困境的新闻会在不经意间曝出，成为人们关注的焦点。如果说纽约人关注这个问题，是因为他们不得不面对纽约市庞大的垃圾量，不得不探寻更好的垃圾处理办

---

① Wikipedia. Mobro 4000[Z/OL]. [2012-11-27]. http://www.en.wikipedia.org/wiki/Mobro_4000.
② 佚名. Fresh Kills Landfill (1947-2001)[EB/OL]. [2012-11-27]. http://www.acc6.its.brooklyn.cuny.edu/-scintech/solid/silandfill.html.

图3.1 弗莱西基尔斯垃圾填埋场

法，或者寻找新的"弗莱西基尔斯"和新的垃圾进口国的话；那么美国以及世界其他地方也关注这个问题，很可能是因为他们自身的处境并不比纽约市更乐观。

与纽约市的形成和发展在世界近代城市史中颇具典型性一样，其城市固体废物问题同样具有典型性。从纽约诞生之日开始，垃圾问题就与这座城市的发展如影随形，并一直持续到现在。然而，当我们将目光锁定在19世纪末时，会惊奇地发现纽约市经历过一个转折性的变化：在1895—1897年的短短三年时间里，曾经让人束手无策的垃圾问题被人克服了。时任纽约市街道清理局局长的小乔治·华林（George E. Waring, Jr.）开展了一场街道卫生改革，不仅暂时解决了纽约市的垃圾困境，而且建立了影响深远的垃圾管理系统。

曼哈顿的垃圾困境和改革契机

　　纽约市的垃圾问题由来已久，最早可追溯至其初建之时，在此过程中也伴随着一些改善的努力。1625年，荷兰人在曼哈顿岛最南端建立起定居点新阿姆斯特丹，成为纽约市的开端。早在1647年，新阿姆斯特丹总督彼得·斯特伊弗桑特为了保持清洁，就下令对那些让其猪、羊或牛离群乱走的居民课以罚金。1657年通过一则立法，禁止居民往街上倾倒垃圾，并要求房主负责清扫他们房屋前的街道，垃圾则由商业马车收集运走。①新阿姆斯特丹还将五处地点指定为垃圾倾倒站，并出台一系列关于厕所、屠宰场和公墓的法令。尽管有这样一些规范市民清理和处置垃圾的法令，也在一定程度上改善了城市的卫生，但是人们对这些法令的一贯漠视，使其效果大打折扣。荷兰人小镇肮脏的状况没有得到根本的改变，并被后来的纽约市继承了下来。

　　美国独立之后，纽约市的上述情况有所改变。1784年纽约市议会任命了3名街道专员来监督城市清洁，这被认为是纽约市街道清洁系统的第一次结构性变化。②尽管纽约市在卫生方面多有努力，但是改善并不明显。1812年战争之后，纽约市发展迅猛并迅速扩张，1820年曼哈顿的人口超过12万，环境卫生成为发展过程中所忽视的一个问题。来访者几乎异口同声地指责纽约肮脏拥挤的街道、臭不可闻的码头及四处乱跑的猪。1817年，英国游客约翰·帕尔默抱怨"逍遥自在的猪的数量及其带来的麻烦"③；1818年，造访纽约的瑞典客人巴龙·克林科斯特伦这样写道："纽约决不像欧洲同一级别与人口的城市一样干净：尽管治安条例很好，但从未付诸实施，死掉的猫和狗随处可见，致使空气奇臭难闻；积尘和烟灰都被扔到

---

① 乔治·J·兰克维奇. 纽约简史[M]. 辛亨复，译. 上海：上海人民出版社，2005：17.
　　Richard F. Shepard. The Region; Another New York City Tradition: Dirty Streets[N]. The New York Times, 1991-03-31.
② Steven Hunt Corey. King Garbage: A History of Solid Waste Management in New York City, 1881-1970[D]. New York:New York University, 1994: 8-9.
③ 乔治·J·兰克维奇. 纽约简史[M]. 辛亨复，译. 上海：上海人民出版社，2005：79－80.

街上，这些街道在夏天两星期才清扫一次，而最大、最拥挤的街道要一个月才清扫一次。"①

1845年，威廉·哈夫迈耶就任纽约市市长，这位怀有改革志向的民主党人有志于去除纽约市肮脏的恶名，以改变长期以来因人们漠视法规而出现的街道脏乱的情形。在哈夫迈耶的领导下，纽约市议会于1845年通过了一部综合环境卫生法，依靠机器设备和足够多的尽职的街头工作人员及卫生检查员来清理街道。在该法令得以贯彻后不几年，实质性的改善即已清晰可见：垃圾被收集起来用小车运走，凡未能清扫自己门前人行道部分的市民都被课以罚金，卫生检查员们开始设法保持厕所和污水池的适当清洁、排放及维修。然而遗憾的是，哈夫迈耶的继任者们并没有继续执行这些规章制度，之前所取得的成果也付诸东流。②

1870年，纽约市建立了专门负责街道清理工作的街道清理处，两年后被并入警察局。1881年，街道清理处又独立出来成为街道清理局，与警察局级别相同，负责街道清理和垃圾处理工作。然而，这些机构的建立并没有为市民带来令人满意的城市环境，街道的卫生状况几乎一如既往地糟糕。

1893年纽约市城市俱乐部对街道卫生状况做了调查，据报告描述，东4街、皮特街、勒德洛街、贝德福德街等街道都是脏乱不堪；各种垃圾随意丢弃在街道上，垃圾堆随处可见，最高者可达4英尺，长期无人清理街道和垃圾桶，恶臭袭人。③

1894年，一位身在纽约的巴西作家科斯塔先生在给里约热内卢的朋友的信中写道："纽约似乎是我所见过的最为肮脏的富裕城市。这个城市的许多地方都挤满了大小不一、形状各异的空马车，以至于人们从他们

---

① 乔治·J·兰克维奇. 纽约简史[M]. 辛亨复，译. 上海：上海人民出版社，2005：80.

② 乔治·J·兰克维奇. 纽约简史[M]. 辛亨复，译. 上海：上海人民出版社，2005：106-107.

③ George E. Waring, Jr. Street-Cleaning and the Disposal of a City's Wastes: Methods and Results and the Effect upon Public Health, Public Morals, and Municipal Prosperity[M]. New York: Doubleday & McClure Co. , 1898: 7-9.

所处的污秽环境来看，就会觉得晚上8点以后的纽约商业区变成了一个巨大而肮脏的马厩，不论从哪个角度来看，其肮脏都是不堪入目和令人生厌的。"①科斯塔的这种看似有些夸张和愤懑的表述，却道出了纽约人和纽约来访者的心声。

贫民窟的状况更让人触目惊心。据统计，1888年纽约市约有109万人生活在经济公寓区，约占总人口的3/4。②贫穷、拥挤、政府的忽视和贫民卫生意识的缺乏等带来的结果是，极为肮脏的环境和可怕的死亡率。曾有人描述道："孩子们走在这里，脚大部分时间是湿的，而女人们则是穿着全身是泥的衣服……平时街道上的灰土和垃圾没有清走，雪融化之后形成污泥和污水，空气里充满了寒冷的湿气。"③纽约市五道口区的巴克斯特街和桑树街曾是纽约贫民窟的核心区，1888年这两个街区的死亡率高达35.75‰，远高于全市的平均值26.27‰，其中年龄小于5岁的儿童的死亡率更是达到了139.85‰。④

图3.2　垃圾倾倒入海

① George E. Waring, Jr. Street-Cleaning and the Disposal of a City's Wastes: Methods and Results and the Effect upon Public Health, Public Morals, and Municipal Prosperity[M]. New York: Doubleday & McClure Co. , 1898: 187.
② Jacob A. Riis. How the Other Half Lives: Studies Among the Tenements of New York[M]. New York: Penguin Books USA Inc., 1997: 219.
③ 佚名. Cost for Clean Streets[N]. The New York Times, 1895-02-26.
④ Jacob A. Riis. How the Other Half Lives: Studies Among the Tenements of New York[M]. New York: Penguin Books USA Inc., 1997: 52.

纽约市的垃圾问题不仅表现为街道的肮脏，还体现为垃圾倾倒入海的处理办法。19世纪50年代，纽约市每个选区都有自己的垃圾装运码头，垃圾在这里通过驳船运到海上进行倾倒，甚至有些码头本身就是垃圾倾倒之所。①这种处置方法污染了近海和海岸，严重损害了牡蛎和蛤的栖息地，而且垃圾漂回来弄脏了沙滩。海边的居民不能容忍这些垃圾弄脏了自己的居住环境，甚至进行公开的抗议。但是在1896年之前，纽约市一直是使用这种处置方法。

对于纽约市垃圾问题的出现，官方人士认为主要是因为市民漠视法规，街道清理局的首任局长科尔曼曾说：

> 列举商人和房主应受处罚的行为和可耻的懈怠，要花大量的时间。经常会发生这样的事情：清扫街道的机器刚从街上通过，还没有到最近的街角，就能看到男人和女人们从商店或者住宅中出来，将一桶桶的垃圾倾倒在刚刚清扫过的人行道上。传单和其他向行人散发的印刷品被扔在人行道或者街上……他们这样做或许不是因为已经免除了责罚并且不会受到蔑视，而是因为漠视公共利益的观念已经根深蒂固，并且长期以来他们已经习惯于做这些事情而对法律无所畏惧。②

科尔曼认为这种情况的出现主要是因为市民长期以来无视法律、漠视公共利益。还有一个官方调查委员会认为，拥有较为完善的公共卫生法律的纽约市本应是世界上最为清洁的城市，然而实际上却是最脏的一个；因为这些法令一贯得不到遵守，并且执行无力，以至于形同虚设。

市民并不这么认为，在他们看来是因为市政部门没有履行好职责。有

---

① 毛达. 海有崖岸：美国废弃物海洋处置活动研究（1870—1930）[M]. 北京：中国环境科学出版社，2011：115.
② George E. Waring, Jr. Street-Cleaning and the Disposal of a City's Wastes: Methods and Results and the Effect upon Public Health, Public Morals, and Municipal Prosperity[M]. New York: Doubleday & McClure Co. , 1898: 2.

市民指出，有些街道清洁工甚至有6周没来过了；因为垃圾没有被清走，他们不得不将其倒进排水沟里。这种状况的出现很大程度是因为坦慕尼协会控制下纽约市政治的腐败。坦慕尼协会是由爱尔兰人威廉·穆尼于1789年创建的，最初为全国性的慈善组织，后来成为把持纽约市民主党的核心机构，并通过民主党长期控制纽约市政权，协会首领被称为"城市老板"。从19世纪中叶到20世纪20年代，纽约市基本处在坦慕尼协会的控制之下，腐败蔓延到政治、经济和社会生活等方面，街道清理同样不能幸免。坦慕尼协会为谋取私利，通常把自己人安插到街道清理局；或者为争取选票，为其支持者谋一份清洁工或马车夫的工作。在政客的庇护下，这些人并不用担心会丢掉工作，他们工作的积极性如何也是可想而知的。

从客观方面来看，纽约城市化过程中的一系列问题，给街道清理和垃圾处理带来了更大的挑战。美国独立后特别是19世纪，纽约城市化飞速发展，首先表现为城市人口的激增。1790—1895年的百余年间，曼哈顿的人口由3万多增加到174万。[①]这些新增人口中，移民占了很大比例，这些主要来自农村的移民不同程度上保留了农业社会中任由自然力逐渐消解垃圾的观念。尽管他们的生活环境发生了巨大的改变，但是其观念的转变是缓慢而不彻底的。人口增长的同时，纽约城区规模也在不断扩张。人口的增长和城市规模的扩张象征着纽约市的繁荣发展，但是也产生了大量的垃圾。除了人类产生的垃圾外，在马力作为重要牵引力的19世纪，马粪也是城市垃圾的重要组成部分。1880年纽约和布鲁克林马的数量在15万~17.5万匹，到1908年时纽约市仍有12万匹马。[②]纽约市一天最少产生几百

① 佚名. Total and Foreign-born Population, New York City, 1790 - 2000[EB/OL]. [2013-04-01]. http://www.nyc.gov/html/dcp/pdf/census/1790-2000_nyc_total_foreign_birth.pdf.

The Police Department and the Health Department of the City of New York. Census of the City of New York, April, 1895[M]. New York: Martin B. Brown, Printer and Stationer, 1896: 18.

② Joel A. Tarr. Carriage Horses History: Urban Pollution[EB/OL]. [2012-11-28]. http://www.banhdc.org/archives/ch-hist-19711000.html.

Eric Morris. From Horse Power to Horsepower[EB/OL]. [2012-11-28]. http://www.uctc.net/access/30/Access%2030%20-%2002%20-%20Horse%20Power.pdf.

吨马粪，最多时可能有1000多吨。19世纪后期，垃圾在内容方面也发生了明显变化，玻璃、橡胶、金属等废弃物的大量出现大大增加了处理的难度。

图3.3　小乔治·华林

城市化发展势不可挡，纽约市只能通过完善市政服务职能和改进垃圾管理系统来推动城市垃圾问题的解决，时代进步的改革者正好迎合了这种需要。1894年，改革派候选人威廉·斯特朗成为新任市长，他选拔了西奥多·罗斯福和小乔治·华林等杰出人才作为纽约市政府各部门的长官。罗斯福出任警察局局长，后来成为美国著名的总统；华林出任街道清理局局长，也就是本文的主人公。华林后来虽然没有成为显赫的政治人物，但是他在美国公共卫生史上书写了浓墨重彩的一笔。

华林有着丰富的工作经历和卓越的成就，先后成为一名农学家、卫生工程师、士兵和作家，是当时卫生工程领域的权威。1857年，只有24岁的华林便已崭露头角，被弗雷德里克·奥姆斯特德任命为纽约中央公园的农业和排水工程师，他为中央公园设计了排水系统。内战之初，他应召入伍，在密苏里州为联邦军建立了6队骑兵，最后将其合并为第四密苏里骑兵团，1862年被授予上校军衔，因而后来人们常称他为华林上校。

与上述经历相比，华林作为一位卫生工程师在孟菲斯市取得的成就更为卓著。孟菲斯市在19世纪下半叶长期遭受流行病的困扰，几度暴发的霍乱和黄热病夺去了数千人的生命。1878年，华林为孟菲斯市设计了一套雨污分流的下水道系统，有效地改善了该市的环境卫生，在预防传染病蔓延方面大获成功。[①]这也为他赢得了极高的声誉，使他能够跻身于全国最优秀的卫生工程师之列。

垃圾管理制度的变革和社会动员

华林要实现的目标，固然是要清扫街道和处理垃圾，他需要做这些，而且要做到最好，以便为后来者树立一个标杆。但他的工作又不只是扫地和收拾一下垃圾这么简单，他要在街道清理局推行一次彻底的改革，对现有的管理制度进行变革。社会系统的良好运行，无疑有利于城市问题的解决。具体到纽约市的垃圾问题，如果能够调动政府、企业和市民这三者的积极因素，协调好它们的关系，则能够为垃圾问题的解决提供良好的保障机制。而华林也正是认识到了这一点，并认为首先要排除政治势力的干扰，才能真正实现扫清纽约市街道的目标。从他的实际作为来看，最主要的是整顿纽约市街道清理局，建立一支高效的、负责的清洁大军。企业则被用作一种辅助的力量，来弥补街道清理局在某些方面的不足。市民作为城市清洁维护的重要力量，其道德和卫生观念的提升，同样受到了华林的重视。

为建立一支高效的清洁队伍，华林首先坚持独立的人事任免权，排除外部势力的干扰。他上台之后解雇了工作消极、能力缺乏的管理者；与此同时，任用一批受过军事训练或者受过技术教育且富有经验的年轻人来替换他们。为节省开支，他还裁撤了一些闲职。普通雇员的招聘，包括办事员、清洁工、车夫、车辆维修工和马厩主管以下的职位，华林决定采用申请选拔制和晋升制相结合的办法；还特别强调招聘过程力求公正，不会受到外部干扰，他和副手也不会对招聘事宜进行干涉。[②]对于原有雇员，华林并未将其强行解雇，而是告诉他们，其未来只依赖他们自己。如果踏实

---

① 佚名. No Platt Republicans[N]. The New York Times, 1894-12-30.
② 佚名. No Time to Talk to Applicants[N]. The New York Times, 1895-01-19.

地做好自己的工作，则没有人能把他们赶走；如果他们仍然是一群醉汉、恶棍或者懒汉，那么没有谁能将他们留下来。

在内部管理上，华林具有鲜明的军人作风：首先是用严明的纪律来约束工人；其次是提升工人形象，以及培养他们的责任心和自豪感。为改变工人的陋习，华林制定了严格而且统一的纪律。以公告形式列举了50种可能会犯的过错，并视情节轻重而给予扣薪或解雇的处罚。[①]为提高工人的积极性，华林还努力提升他们的形象。他为清洁工设计了白色的制服，虽被批评不实用，但是反映了华林对清洁工的高要求，也寄托了他对清洁的追求。华林希望它能给市民带来信心和传播卫生的理念，就像医生的白大褂在人们心中代表健康和清洁一样。最初，清洁工因为这种白色制服而遭人耻笑，然而随着这个部门和清洁工的转变，市民对他们的评价也发生了非常大的转变。很快人们将这支白色的清洁大军称为"白翼"，这种白色制服也为其他城市所效仿。

1896年5月26日，华林精心策划的一场游行在这个转变过程发挥了非常重要的作用，它以一种极为张扬的姿态将街道清理局焕然一新的面貌展现给纽约的市民。《纽约时报》曾认为它是纽约历史上最为新奇

THE ANNUAL PARADE.
FOREMEN AND PLATOONS OF SWEEPERS READY FOR THE MARCH.

This picture is from a photograph taken at the first parade of the New York Street-Cleaning Department. The effect of the parade was to stimulate and encourage the men, and to increase the respect of citizens for these city employees.

图3.4 "白翼"的年度游行

---

① George E. Waring, Jr. Street-Cleaning and the Disposal of a City's Wastes: Methods and Results and the Effect upon Public Health, Public Morals, and Municipal Prosperity[M]. New York: Doubleday & McClure Co. , 1898: 21-22.

的一次游行。①游行队伍从60街的都市俱乐部出发，沿着第五大道由北向南推进。这支人数达2200人的游行队伍，在第五大道上形成了长达2英里的长龙，他们花80分钟才通过检阅台。游行队伍中的人来自不同的民族，他们穿着各种奇怪的衣服，有些人以随心所欲的方式行进，有的甚至做着竞赛游戏；而着装统一的清洁工看上去更像是士兵。华林身穿黑色的军人便服，头戴白色头盔，骑着气势昂扬的棕色小雌马，成为整个队伍的一大亮点。

　　游行开始前59街就挤满了观众，第五大道两旁的人行道、停靠站和栅栏区错落有致地分布着许多观众，还有成千上万的人从道路两旁的窗户探出头来观看。站在检阅台上的有斯特朗市长，当游行队伍通过时，他数次为之鼓掌，其他市政府官员、议员也同样如此。游行的观众也对这新奇的展示报以热烈的掌声，喝彩之声在第五大道上此起彼伏。②这些普通观众大多不是第五大道的常客，甚至其中许多人以前从未来过这条大街。然而差不多每一个前来观看的人在游行队伍里都有一些朋友，当他的朋友出现时，他就大喊"你好啊，汤姆！你这份新工作怎么样啊！"以表示问候。有些旁观者最初想嘲笑一番，最后仍然表达了他们的赞美，就是因为游行队伍精彩的展示出人意料。其中有个穿着体面的男人对这群为了谋生而清扫街道的人来这儿游行表示不理解，但是他也不得不承认，他们的展示比所期待的还要好。③

　　华林还通过招标的办法引入企业的力量，由它们来做积雪的清理和餐厨垃圾的处置工作。华林上任不久就遭遇了几场大雪，清理积雪的工作主要依赖正式清洁工，并雇用临时工应对紧急情况。尽管街道清理局能够做好这项工作，但是它打乱了正常的工作秩序，于是华林于1895年秋决定将

① ② 佚名. Street Cleaners Parade[N]. The New York Times, 1896-05-27.
③ 佚名. Cheers for the White Brigade[N]. The New York Times, 1896-05-27.

其承包出去。从1896年开始，纽约市所清理的积雪量和街道里程都大为增长。1896年6月6日，街道清理局与纽约卫生利用公司的餐厨垃圾处理承包合同正式签署生效。合同的有效期为5年，纽约市每年支付89990美元的处理费，街道清理局所收集的餐厨垃圾由公司的船运到巴伦岛进行处理。[1]

华林还很重视市民在城市清洁维护方面的作用，并主要通过法规和宣传教育来规范市民行为和改变他们的卫生观念。华林上任的第一天便与斯特朗市长会面，随后发布公告重申纽约市综合法的第1936条和卫生法规的第95条，要求市民严格遵守其规定，不得随意丢弃垃圾并且垃圾倾倒要符合规范，否则会受到罚款或者监禁的处罚。[2]为减少道路上的马粪和避免道路拥堵，他还决定限制发放在道路上停放马车的许可证。

在卫生教育方面，最为突出的是发动青少年组建社团参与城市清洁的维护和宣传。青少年的思想易于塑造，他们也乐于组织各种社团来实现其目标，当时纽约市就存在公民历史俱乐部、反吸烟联盟等青少年爱国组织，华林希望也能将清洁作为爱国主义的一种表现在他们当中推广，并影响他们周围的人。在街道清理局的帮助下，在青少年当中建立起了许多社团，孩子们最基本的活动是捡起被随意丢弃的垃圾，记录和报告自己维护城市清洁的行为。在聚会当中，他们还会吟唱自创的"街道清理之歌"[3]。鼓励青少年参与，还因为他们是很好的传播媒介。对于移民聚居区的人来说，孩子几乎成了父母与外界交流的唯一途径，所以华林希望借助青少年将政策法规尽快地传递给他们的家人和邻居。而在以往，巡视员要花几个月才能完成这项工作。到1898年时，这些青少年社团的成员已达到1000人，成为卫生教育的重要力量。

---

① George E. Waring, Jr. Street-Cleaning and the Disposal of a City's Wastes: Methods and Results and the Effect upon Public Health, Public Morals, and Municipal Prosperity[M]. New York: Doubleday & McClure Co. , 1898: 223.

② 佚名. Col. Waring Beings Work[N]. The New York Times, 1895-01-16.

③ George E. Waring, Jr. Street-Cleaning and the Disposal of a City's Wastes: Methods and Results and the Effect upon Public Health, Public Morals, and Municipal Prosperity[M]. New York: Doubleday & McClure Co. , 1898: 181-182.

垃圾的分类收集和处理

街道清理局的工作是一个系统性的过程，它包括街道清扫、垃圾收集、垃圾运输和垃圾处置等步骤。作为主力的街道清理局，不仅要协调各方面的关系，而且要提供必需的配套设施，如垃圾桶、垃圾倾倒场等，以及负责整个过程的主要工作。这一系统的运转需要大量的财政资金，除了工人工资、船舶租金，还需基础设施方面的投入。针对资金缺乏和以往垃圾倾倒入海的弊端，华林认为如果能在垃圾丢弃的源头开始建立一套垃圾分类的收集系统，那么可以最大限度上回收有价值的垃圾和做到减量，并且能够彻底抛弃垃圾入海的处置方法。于是，他决定在纽约市推行垃圾分类收集和分类处理的办法。

首先是街道的清扫，这也是街道清理局最为重要的工作。当时该部门支出的40%都花在了这上面，投入的工人数量也达到了60%。纽约市街道清理工作实行分区管理，曼哈顿岛152街以南的部分分为10个大区，细分为58小区。主管清洁工队伍的是总主管，每个大区设主管1名，每个小区设领班1名，负责具体的管理工作。需要清扫的街道有433英里，实际参与清扫工作的清洁工约1450人。区域特征的不同决定了清洁工分配的差异，在实际工作当中每英里街道所分配的清洁工从1人到7人不等。[①]不同区域的街道，清扫频率也有差别：在433英里的道路当中，每天清理1次的有63.5英里，2次的有283.5英里，3次的有50.5英里，4次或更多者有35.5英里。街道清理局每天总共要清扫924英里的道路。

每两小区设有一个区站，用以存放清洁工具；清洁工每天早上来到这里换上统一的白色工作服，领取工具，然后去工作。街道清理局为每一名清洁工都提供了这些装备：一辆配置了垃圾袋的二轮手推车，和足够他当

---

① George E. Waring, Jr. Street-Cleaning and the Disposal of a City's Wastes: Methods and Results and the Effect upon Public Health, Public Morals, and Municipal Prosperity[M]. New York: Doubleday & McClure Co. , 1898: 38-39.

天工作使用的黄麻垃圾袋；一把用非洲酒椰纤维制成的钢把扫帚，一把铲子和一把短扫帚；夏天还要携带一个洒水器和一把开启水龙头的钥匙。[1]
每名清洁工清扫的街道通常是固定的，长期在某一区域活动使他们能够熟悉这里的人、商店、马厩以及其他相关的事物，也因此更能够适应一些突发的事情。如果所在区域有拥挤的大道穿过，那么清洁工早上要首先集体清理这些区域，然后才奔赴他们各自的路段。如果某个人的工作量因为某种原因永久性地增加了，那么他所负责的路段将会相应缩短。这些比较灵活的安排可以尽量做到公平。根据当时的法律，他们每天的工作时间为8小时；然而实际上，他们不仅更为辛勤地工作，而且在紧急情况下他们的工作时间也会延长，比如清理积雪时，他们的工作时间远远超过8小时。尽管法律规定不得无故解雇这些工人，但这并不意味着他们端的是"铁饭碗"。在街道清理局所制订的严格规定的约束下，他们很可能会因为怠工或者其他不当行为而被解雇。

接下来是垃圾的收集和运送。为配合垃圾分类处置办法，华林决定采用分类收集垃圾的办法。华林所设想的垃圾分类收集系统，将产生于街道、家庭和商业经营场所的所有垃圾分成

图3.5 清洁工具

---

① George E. Waring, Jr. Street-Cleaning and the Disposal of a City's Wastes: Methods and Results and the Effect upon Public Health, Public Morals, and Municipal Prosperity[M]. New York: Doubleday & McClure Co. , 1898: 40.

四类：纸和其他废品、街道清除物、餐厨垃圾和灰土。①纸和其他废品这一类包括废纸、各种金属、破布、皮革和橡胶碎片、木头、破玻璃、瓶子、罐头盒、旧鞋、地毯、丢弃的家具等。街道清除物就是清洁工清扫出来的垃圾，如泥土、树叶、水

图3.6　废品收集车

果皮、马粪和其他动物粪便等垃圾。餐厨垃圾包括家庭和餐馆的厨房以及市场产生的有机物质，如烂菜叶、骨头、剩饭、剩菜、动物屠宰的剩余物等。灰土则主要是室内产生的灰尘、泥土、煤渣等物质。从1895年开始，他就在纽约市部分地区进行垃圾分类收集试验，然后逐步推广。到1896年时，他决定在纽约市全面采用这套系统，这个目标在他的任期内彻底实现了。

　　这套系统特别需要市民的配合，如果垃圾在倾倒时完全混在一起，它就没法运行了。因而街道清理局要求市民将灰土和餐厨垃圾分别放置在不同的容器里，以方便分别由专门的人员收集；废品则要放在家里，当需要清理时，只需悬挂一张红色的印有"P. R."（"废纸和废品"）字样的菱形卡即可，将有专门的马车来收集。

　　垃圾的分类收集、运送和倾倒工作是由马车夫来完成的，他们隶属于街道清理局的马厩系统。街道清理局共有9个马厩，由马厩主管总负责，每

---

① George E. Waring, Jr. The Disposal of a City's Waste[J]. The North American Review, 1895, 161(464): 49-56.

个马厩设马厩领班1人分管其工作。车夫的工作区域同样是固定的，他们每天很早就要从马厩出发，首先运送的是灰土，然后是餐厨垃圾，最后是街道清除物，而废纸等废品则是由专门的马车收集。

最后是垃圾的分类处理。为替代垃圾入海的处理办法，华林曾派人对当时的垃圾处理办法做了系统的调查，以寻找一条更为有效和适合纽约市的处理办法。经过招标，餐厨垃圾的处理由纽约卫生利用公司负责，经过处理能够获得油脂和固体残渣这两种有用物质，前者可以用来制造肥皂，后者可以用作肥料，每吨餐厨垃圾约可收回价值2.47美元的有用物质。根据调查，灰土可以用于人行道铺设、地下室地面填充、房屋防火地板和防火隔墙的建设、砖的制造等多种用途，但是华林最终还是决定将灰土和街道清除物运送到曼哈顿岛附近的莱克斯岛，去填埋海岸浅滩和低地。

华林所采用的废品回收系统的核心部分是分拣厂，为推行这套系统，他先兴建了试验分拣厂。车夫把废品拉到这里后，将其倒在一条传送带上，由两边的工人拣出指定的废品，剩余的则被传送到一个焚烧炉里烧掉。与焚烧炉相连的是一个大蒸汽锅炉，提供传送带所需的动力。分拣出来的废品可以出售，根据当时的销售记录，这个消化了街道清理局所回收废品总量1/15的分拣厂平均每周回收价值260美元的废品。[①]

图3.7　垃圾分拣

① George E. Waring, Jr. Street-Cleaning and the Disposal of a City's Wastes: Methods and Results and the Effect upon Public Health, Public Morals, and Municipal Prosperity[M]. New York: Doubleday & McClure Co. , 1898: 78-79.

如果能够在纽约全面推行这种废品回收厂，则纽约市每周可回收价值近4000美元的废品。

经过整顿的街道清理局的各部门有着明确的工作职责，甚至具体到明确每一名清洁工所要负责的工作。华林还通过一套系统的街道清理、垃圾清运和处理的办法，来推进纽约市的街道清理工作。他对垃圾所具有的危害性和潜在的经济价值有着较为全面和深入的认识，在其工作中的体现便是最大限度地清扫和收集垃圾，并做到无害化处理；与此同时，尽可能地发掘和回收垃圾有价值的部分，做到资源化和减量化。经过整顿的街道清理局的各部门有着明确的工作职责，甚至具体到明确每一名清洁工所要负责的工作。垃圾处理的方法经过慎重的考察而确定，最终是承包商负责餐厨垃圾的处理，而街道清理局负责其他垃圾的处理。华林所推行的这套垃圾管理系统，给纽约城市环境带来的改变是显著的，某种程度上甚至可以说，他将一个新纽约呈现在人们面前。

纽约城市环境的变化

华林在三年的任期内为纽约市建立了一套系统的垃圾管理办法，通过这套系统的探索、试验和推广，纽约市的街道卫生状况得到了根本性的改观；垃圾倾倒入海的处理办法也在1896年被摒弃，从而解决了近海的垃圾倾倒和污染问题。

华林给纽约市带来的变化是十分明显的：他任期内每个冬天所清理积雪的量是之前的3～7倍，清洁工每天清扫的街道里程增加了4倍多。华林曾说："灰土对衣服、家具和船上货物的伤害大为减少；泥土不再傍着人的足迹，从街道一路追踪到人行道，再到室内了；靴子无须像过去那样翻来覆去地清洗，罩靴也已经为人们所抛弃；湿漉漉的脚和脏兮兮的裙子也都成为过去；孩子们现在可以在干净的街道上自由地玩耍了，这在过去简直难以想象。"①曾经令人生畏的贫民区，也发生了彻底的改变。当时的著名记者、社会活动家雅各布·里斯说："贫民窟像是被洗过了。"②过去存在于这些街区的长期未被清理的垃圾，现在都一扫而光；过去这里的积雪几乎从没清理过，而现在和富人区一样干净了。然而在华林看来，他所取得的最大成就是在公共健康维护方面，其中最为重要的是死亡率的下降。据统计，1882—1894年纽约市的平均死亡率为26.78‰，1895年为23.10‰，1896年为21.52‰，1897年为19.53‰。

除了城市内部人居环境的变化，新的垃圾管理系统对于纽约市周边环

图3.8　1893年3月17日的莫顿大街

---

① George E. Waring, Jr. Street-Cleaning and the Disposal of a City's Wastes: Methods and Results and the Effect upon Public Health, Public Morals, and Municipal Prosperity[M]. New York: Doubleday & McClure Co. , 1898: 188.

② Jacob A. Riis. A Ten Years' War: An Account of the Battle with the Slum in New York[M]. Boston and New York: Houghton, Mifflin and Company, 1900: 13.

境也产生了一定影响，其变化主要源自垃圾处理方法的改变。垃圾分类处理的方法取代垃圾入海的方法，缓解了纽约市周边海域的污染。分类处理法让相当部分的垃圾重新回到生产和消费循环当中，不仅部分实现了垃圾减量，而且最大限度地恢复了它的价值。然而它也存在着一些问题，如：用灰土和街道清除物填埋海岛的低地和浅滩，就不可避免地改变了这里的自然环境。此外，华林的这套垃圾管理系统没有将当时日益严重的工业污染问题考虑进去，因而向海洋倾倒工业废弃物的活动并没有停止。

在纽约市物质环境发生改变的同时，社会环境也发生着变化。华林接手街道清理局后，努力使其回归市政服务部门，而不是政治利益集团和政客谋取私利的工具。华林所领导的街道清理局被誉为"好政府"的榜样，激励着进步时代的其他改革者。这不仅是因为它提供了让人满意的服务，

图3.9　1895年5月29日的莫顿大街

还因为它本身的纯粹性。

在改革的推动下，街道清理局的工人和纽约的普通市民特别是其中的儿童和妇女的观念也发生了微妙的变化。1896年10月，清洁工和车夫委员会邀请华林参加他们为其举办的庆祝宴会以表达他们的谢意和尊重，感激华林给他们带来的变化。[①]他们意识到了所从事工作的意义和价值，也能够从"卑微的"工作中获得荣誉感和自尊。

在市民当中，儿童和妇女在卫生观念方面的转变要更快、更显著些。清洁被认为是有传染性的，当街道被打扫干净之后，人们也会受其影响而去清理居室。曾有人写道："纽约市街道在过去两年半里的显著改观，已经带动了经济公寓内部的改善……一种个人的荣誉感已经在妇女和儿童当中觉醒，每一个在此做慈善工作的人长期以来都注意到了它所带来的结果。在这一届（街道清理局）的早些时候，曾听到五道口区的一位妇女对另外一位说'哎呀，我才不在乎；总之，我的街道比你的干净'，便觉得战斗已经胜利了。"[②]里斯盛赞华林说："是华林的扫帚第一次照亮了贫民窟。"[③]华林的扫帚在贫民区不仅拯救了众多生命，而且"它还扫除了蒙于市民大脑和道德之上的蛛丝灰尘，并为市民职责树立了一个标准"[④]。扫清的街道或许会在坦慕尼协会重掌政权后出现倒退，好的政策和管理方法也可能会被抛弃，但是卫生理念却深入人心，市民卫生观念和道德的进步也最终会推动城市环境卫生不断改善。

然而，随着改革派的下台和坦慕尼协会重掌政权，华林并没能够继续担任街道清理局长一职和完成未竟之事业。但是华林之后的街道清理局并

---

① 佚名. Col. Waring and His Men[N]. The New York Times, 1896-10-07.

② George E. Waring, Jr. Street-Cleaning and the Disposal of a City's Wastes: Methods and Results and the Effect upon Public Health, Public Morals, and Municipal Prosperity[M]. New York: Doubleday & McClure Co. , 1898: 187-188.

③ Jacob A. Riis. A Ten Years' War: An Account of the Battle with the Slum in New York[M]. Boston and New York: Houghton, Mifflin and Company, 1900: 172.

④ Jacob A. Riis. A Ten Years' War: An Account of the Battle with the Slum in New York[M]. Boston and New York: Houghton, Mifflin and Company, 1900: 175.

没有抛弃华林建立起的一整套垃圾管理系统，而是加以继承和进一步地完善。在纽约市五区合并后，郊区道路因为交通流量小和居民较少，其清理工作采用了街道清扫机，华林时代则因为它易扬起灰尘而没有使用。原本放置在路边的垃圾桶，也因其碍事而改成了入地式，清运的垃圾车也有所改进。随着城市规模的扩大，马厩的数量增加到了20个。最值得注意的进展体现在垃圾处理方面，尽管原有系统仍在使用，但是焚烧法似乎得到了特别的关注。焚烧法被认为是更为卫生且省事的处理办法，但是纽约市垃圾含水较多，对燃料消耗量也大，因而并不具备令人满意的经济性。华林建立的系统的垃圾管理制度使纽约市成为20世纪美国环卫城市的典范，许多城市纷纷效仿纽约市的垃圾管理系统。随着工业化和城市化进一步的发展，原有的相对简单的垃圾回收系统已经不能够适应社会需要了，美国从20世纪60年代起建立起了现代的垃圾回收利用系统，然而从理念和原则上来看，与华林系统仍然是一致的。

图3.10　入地式垃圾桶

1898年，美国通过战争夺取西班牙的殖民地古巴，华林被派往那里调查当地的卫生状况，从而为美军的安全驻扎提供建议。①华林完成了任务，但也很不幸地感染了黄热病。10月29日，华林在纽约病逝。②这样的结局似乎是对他一生所从事的卫生事业的一大讽刺，但是也可以理解为对他的肯定，如同将士战死沙场。他死后，纽约市的一些关心改革的精英分子和感念他的普通市民，通过捐款和聚会缅怀的方式纪念他。人数最多的一次聚会超过了5000人，其中既有他生前的好友，也有许多钦佩他的改革者，还有包括儿童和妇女在内的许多普通市民。③斯特朗等人募集了超过10万美元的捐款，并建立了一个基金会，将每年的收益分给华林的遗孀和女儿，以保障她们的生活。

华林在纽约市公共卫生领域的影响持续了很久，到1915年时纽约市妇女市政联盟街道委员会为清洁工颁发了以华林之名命名的"华林奖章"和证书，以表彰他们的工作。④20世纪20年代，美国甚至出现了纪念"白翼"的电影短片。⑤2010年美国历史频道上映了一部12集的历史纪录片《美国：我们的故事》，讲述了美国的历史进程，收视率颇高。其中第7集的主题是"城市"，就专门讲到了小乔治·华林清理纽约市的故事，再次呈现了华林带领一群身着白色制服的清洁工清扫街道的场景。这部纪录片给了华林很高的评价，甚至认为他是美国首位环保斗士。

---

① 佚名. Col. Waring to Go to Cuba[N]. The New York Times, 1898-10-04.

② 佚名. Col. Geo. E. Waring Dead[N]. The New York Times, 1898-10-30.

③ 佚名. In Memory of Waring[N]. The New York Times, 1898-11-23.

④ 佚名. Street Cleaners Honored by Women[N]. The New York Times, 1915-04-23.

⑤ 佚名. White Wings[EB/OL]. [2012-12-09]. http://storiesconnectloveheals.com/tag/white-wings/.

4 黑色的灾难
——美国南部大平原上的尘暴

　　1929年10月24日，美国华尔街股市迎来了"黑色星期四"，股票价格瞬间从高峰跌入低谷。这一天拉开了20世纪30年代美国经济大萧条的序幕。在接下来的半个月内，美国股市接连遭受"黑色星期五"、"黑色星期一"和"黑色星期二"的侵袭，华尔街股灾泛滥。在金融业分崩离析之际，美国的国内经济也发生了可怕的连锁反应：股市崩盘、挤兑现金、银行破产、工厂停业……一夜之间，上百亿美元的财富化为乌有，成千上万名男男女女无法拿到属于自己的血汗钱，并失去了赖以维继的工作。他们无房可居，流离失所，在城市中用木板、铁皮搭起了简易的藏身处；他们没有足够的钱购置食物，不得不翻捡倾倒在垃圾桶中的残羹冷炙。

　　这次经济危机，令美国人引以为傲的城市生活陷入崩溃的边缘，如同被巨石砸到了一般，产生的疼痛让人久久无法忘怀。这也是我们所熟知的历史内容。然而，很多人不了解的是，在30年代的美国，"黑色"的灾难

图4.1 尘暴

不仅仅爆发于城市的经济领域，还在乡村的生态环境中耀武扬威，更催生了生态环境语境下的"黑色星期天"，这就是20世纪30年代美国南部大平原上爆发的尘暴。

"肮脏的三十年代"

1931年，与正在遭受大萧条的美国相比，远离城市喧嚣的大平原似乎并没有受到太多影响。当城市居民不得不排着长队，领着政府或慈善机构施舍的免费热粥时，大平原小麦产区的粮食收成已经创下了新的纪录。然而，丰收的喜悦没能保持多长时间，因为这些农场主们还没来得及庆祝，就迎来了一场长达10年的干旱。

自1931年起，大平原南部的降水开始变得少之又少。起初，人们对此见怪不怪，因为干旱在当地每隔几年便会发生一次。面对干旱，他们只是眼巴巴地看着农场中渐渐枯萎的麦苗和逐渐龟裂的土地，"忧虑着要过多久他们才能支付欠款"[1]，茫然地溜达在玉米地里，这些被风调雨顺的气候惯坏了的农场主，回忆着过去齐肩高的玉米，无奈地望着而今沟壑纵横的土地，并妄想几天后就会普降甘霖。然而，他们不知道，自己的苦难刚刚开始。

伴随干旱而来的，是呼啸的狂风。狂风吹个不停，在炎热的夏季着实疯狂了一把，将沉积了数千年数万年的表土吹到了空中。尽管过去也会发生扬尘，但是从1931年开始，空中的沙尘似乎比往年多了很多，而且每次持续几个小时甚至十几个小时。有人对得克萨斯州西北部城市阿马里洛的沙尘天气进行统计，发现当地在1935年共发生了908小时的沙尘，相当于一个月每天24个小时都刮着沙尘，而当年第一季度，甚至有7次沙尘天气的能见度为零！[2]

这便是黑色的灾难——尘暴[3]。它成为未来10年间大平原，尤其是南部大平原的主题，也让"肮脏的三十年代"[4]成为后人对这个时代最恰当的概括。有报道记载，1930年，得克萨斯州西北部首次发生了较为严重的尘暴。1933年11月，大平原爆发的尘暴刮到了佐治亚州和纽约。到了1934年5月，尘暴波及的范围更广。当月9日，大风裹挟着来自蒙大拿州和怀俄明州的尘土，向东横扫南北达科他两个州。当晚，尘暴抵达密歇根湖畔，将近1200万吨的尘土"像下雪一样覆盖了芝加哥"，平均给每个当地人分

---

[1] 唐纳德·沃斯特. 尘暴：20世纪30年代美国南部大平原[M]. 侯文蕙，译. 北京：生活·读书·新知三联书店，2003：4.

[2] 唐纳德·沃斯特. 尘暴：20世纪30年代美国南部大平原[M]. 侯文蕙，译. 北京：生活·读书·新知三联书店，2003：10.

[3] 尘暴分为两种：一种是高达数千英尺的骤然矗立起来的猛烈的"黑色风暴"，就像一堵急速滚动的泥水长墙，时常夹带电闪雷鸣，通常由北部冷锋到来而引起；另一种是西南暖湿气流造成的，热风将沙质土壤吹向空中，形成"沙风"。参见唐纳德·沃斯特. 尘暴：20世纪30年代美国南部大平原[M]. 侯文蕙，译. 北京：生活·读书·新知三联书店，2003：9.

[4] 唐纳德·沃斯特. 尘暴：20世纪30年代美国南部大平原[M]. 侯文蕙，译. 北京：生活·读书·新知三联书店，2003：7.

配了4磅之多。在未来的几天，尘暴一度以每小时100英里，相当于160千米的速度侵袭其他中东部地区，形成了一个东西长2000多千米、南北宽1000多千米、高约3千米且移动迅速的黑色尘暴带。[①]有些尘土，甚至出现在距离美国东海岸四五百千米的大西洋船只甲板上。此后，大部分令人绝望的尘暴都没能影响如此广泛的地区。它们被限制在了大平原南部，使当地人一次又一次地承受了来自沙尘的恐慌。

关于南部大平原地区范围内的尘暴次数，美国水土保持局作了统计，以能见度不到1英里为准。[②]见下表：

年份	次数	年份	次数
1932	14	1937	72
1933	38	1938	61
1934	22	1939	30
1935	40	1940	17
1936	68	1941	17

在"肮脏的三十年代"，尘暴在南部大平原的侵袭是如此频繁，以至于居民们可以根据沙尘的颜色就能判断其来源——黑色沙尘来自堪萨斯，红色沙尘来自俄克拉荷马，灰色沙尘来自科罗拉多和新墨西哥。[③]

① 唐纳德·沃斯特. 尘暴: 20世纪30年代美国南部大平原[M]. 侯文蕙，译. 北京: 生活·读书·新知三联书店, 2003: 8.
② 唐纳德·沃斯特. 尘暴: 20世纪30年代美国南部大平原[M]. 侯文蕙，译. 北京: 生活·读书·新知三联书店, 2003: 10.
③ 纪录片《尘暴重灾区的艰苦岁月》，高国荣提供。

"黑色星期天"

对于南部大平原的居民们来说，1935年带来的记忆最深刻。当年春天，从3月11日开始，沙尘始终笼罩着天空。没有红日，没有白云，没有蓝天。3月15日，尘暴向堪萨斯席卷而来，遮天蔽日。在一个小镇上，一位名叫纳特·怀特的工人刚从室内走出来，便被沙尘遮住了双眼，迷迷糊糊地撞上了电话线柱子，只能向闪着灯光的街边匍匐前进。一位不满8岁的孩童在黑色的尘暴中无法找到回家的路，他哭喊着爸爸妈妈，却湮没在滚滚沙尘中。最后，当持手电筒的搜救人员找到他时，孩子早已窒息而亡。在堪萨斯的其他地方，由于黄沙漫天，各行各业都受到了影响：火车在野外脱轨，汽车在公路迷失，旅客在酒店滞留，学校停课，商铺关门……有位来自大本德的记者向世人描述了当时的奇景："一个拔出塞子的细颈瓶放在人行道上两个小时后，发现尘土达到半瓶之多。相框上的尘土太重而压断

图4.2　尘暴来袭

了挂像的金属丝。"①

到4月上旬，狂风刮了整整27天，尘土也没日没夜地弥散在空中，带走了大平原相当于"开凿巴拿马运河时人和机器掘出的两倍"②的泥土，毁掉了周边几个州的3000多万英亩（1英亩＝0.004047平方千米）良田。此后，风力变弱，尘暴似乎接近尾声。殊不知，这是在为4月14日的"黑色星期天"积攒能量。

是日上午，南部大平原阳光明媚，蓝天白云清晰可见。这是久违的好天气！居民们纷纷走出屋子，到室外大口地呼吸新鲜空气，或是拾起曾经因为躲避尘暴而未完成的活儿，修葺房屋，打理花圃，野营锻炼，走亲访友。他们庆幸肆虐了几个星期的尘暴戛然而止。然而，他们哪里想得到，这只是暴风雨前短暂的宁静。

下午2点多，气温骤降，成群成群的鸟儿铺天盖地地从人们头顶飞过，划破了天空的寂静。它们叽叽喳喳叫个不停，惊恐万分，像是在向同伴们诉说着刚刚经历的恐怖。突然，一股沙尘，如同"黑云"一般涌出北方的地平线，向南滚滚而来。这朵"黑云"就像一堵墙，高达数千米，两端还在不断延伸。电光火石间，天昏地暗，昼夜颠倒，刚刚还清新明亮的草原风光刹那间变成了一片漆黑，空气中的沙土令人窒息。这正是美国30年代最可怕的一次尘暴。

尘暴来临时，狂风中夹带的沙土倾泻而下，就像铁锹往人脸上扬沙一样。身处户外的人们无法睁开双眼，却不由自主地呼吸着尘土，遭受着沙砾击打脸颊的疼痛，嘴里还不时咀嚼起沙土的味道。此时，在自己房子外劳作的居民，如果不能在暗无天日的世界里迅速回到自己的屋子，便不得不趴在地上，摸着台阶进屋。走在路上的行人，为了避免窒息街头或埋葬郊野，也必须找到一处栖身地，若周边无遮挡物，也要原地蹲在地上捂住

① 唐纳德·沃斯特. 尘暴：20世纪30年代美国南部大平原[M]. 侯文蕙，译. 北京：生活·读书·新知三联书店，2003：12.
② 唐纳德·沃斯特. 尘暴：20世纪30年代美国南部大平原[M]. 侯文蕙，译. 北京：生活·读书·新知三联书店，2003：14.

脸，等尘暴变弱再回家。

在这场巨大的黑色尘暴袭来之际，堪萨斯州哈斯克尔县的农场主约翰·加勒森正与妻子开车行驶在回家的路上。即将到家时，尘暴将汽车团团围住。无奈之下，夫妇俩只好弃车，摸索着路边的铁丝围栏，一步步地挪回屋。[①]得克萨斯州西北部，来自博伊西市的一家三口，在结束了短途旅行

图4.3 尘暴中的儿童

后，正驾着汽车奔驰在归家的路上。下午5点左右，黑色风暴来袭，终点却远在天边。他们行驶至郊外一所旧房子附近，立即下车试图藏身，可是漆黑的环境让他们差点儿找不到房子的大门。进屋才发现，这所仅有两间房的小屋竟然已困住了10人，且屋里黑得看不清其他人的脸。尘暴持续了4个多小时，他们等到最后才沿着路边的沟渠回到了城市。[②]堪萨斯州的艾尔塞斯尔夫人也经历了一段曲折的故事。当天她和小女儿外出办事，在回家的路上遭遇了尘暴。由于能见度非常差，她被迫在路边停车。此时，尘暴带来的静电造成了汽车打火装置短路，于是她决定步行完成剩下不到1英里的路程。他女儿冲到前面告知艾尔塞斯尔先生，后者二话没说，迅速钻进一辆卡车沿路寻找。然而，妻子已经失去了方向，迷失在尘暴深处。她从停车的地方踉踉跄跄地转到了田间，每看见卡车的灯柱，便向那个方向挪步，不想自己的丈夫也在迷雾般的尘土中来回移动，夫

---

① 唐纳德·沃斯特. 尘暴: 20世纪30年代美国南部大平原[M]. 侯文蕙, 译. 北京: 生活·读书·新知三联书店, 2003: 14.
② 唐纳德·沃斯特. 尘暴: 20世纪30年代美国南部大平原[M]. 侯文蕙, 译. 北京: 生活·读书·新知三联书店, 2003: 14-15.

图4.4 躲避尘暴的农民和他的儿子

妇两人就像"捉迷藏"一样失之交臂。等到最后被丈夫发现时，妻子已经累得不行。[①]不过，艾尔塞斯尔之妻是幸运的，尘暴之中，很多人由于迷失方向，而被掩埋进黄沙之中，最终窒息而死。

所有人都在寻找着自己亲人，所有人都想离开尘暴之地，可是，所有人都无法逃脱尘暴带来的恐惧，包括那些已经躲在屋子里的人。沙砾击打着窗户，邦邦作响，狂风呼呼地吹，似乎在为其摇旗呐喊。来自俄克拉荷马的戴维森在几十年后回忆起当年的场景时，仍然不寒而栗：当风沙猛烈地刮起时，父亲去了厨房，他手上拿着2英寸厚4英寸宽的板子。风非常大，以至于父亲的手不停地上下抖动。[②]据得克萨斯州的梅尔特·怀特回忆，沙尘暴来的时候，风沙发狂似地刮着，天气越来越差，"我们的旧房子在不断晃动，它似乎要吹走了。在漆黑一团中，我试图看着自己的手，它离眼睛越来越近，并触及到了鼻梁，但还是看不见，天就是这样黑！许多人非常害怕，虔诚地祈祷着，他们觉得这就是世界末日！"[③]

第二天，也就是1935年4月15日，罗伯特·盖格，一位正在南部大平原旅行的丹佛记者，给《华盛顿晚星》投送了一条新闻快讯，其中将这片

---

① 唐纳德·沃斯特. 尘暴：20世纪30年代美国南部大平原[M]. 侯文蕙，译. 北京：生活·读书·新知三联书店，2003：16-17.
②③纪录片《尘暴重灾区的艰苦岁月》，高国荣提供。

区域称为"Dust Bowl"（意为"灰碗"——尘暴重灾区）。[1]由于形象生动，"灰碗"的称谓广泛流传，并且迅速成为南部大平原尘暴发生地的代名词。

在沙尘肆虐的30年代，"灰碗"囊括了科罗拉多、新墨西哥、内布拉斯加、堪萨斯、俄克拉荷马和得克萨斯六个州的部分地区，算上受尘暴严重影响的其他地区，南北长达500英里，东西宽约300英里，约为整个大平原的三分之一。

尘暴毁掉了什么

在"灰碗"的笼罩下，尘暴重灾区的居民们承受了巨大的苦难：狂风、沙尘、黑暗，以及这些带给人们的恐惧。

尘暴袭来，滚滚黄沙高达数千米，使白天让位于黑夜。伴着大风，沙土落到眼睛里、鼻子里、嘴巴里……为了正常呼吸，居民们用布条把脸捂得严严实实，有的孩子还戴上了红十字会统一发放的防毒面具。此时的大平原就像第一次世界大战时期的欧洲战场，只不过空气中弥漫的是沙尘而非芥子气。[2]风之所至，尘土亦飞扬。一场沙尘暴过后，尘土堆到了窗台上，堵住了半扇门，掩埋了庭院、绿植，乃至任何生物。为了保护自己，人们把湿床单挂在门窗前面，以过滤沙尘，并且用胶带和废布条填塞窗户的缝隙。不过，沙尘依然飘落在屋内的各个角落，多得需要人们一

图4.5　尘暴过后

---

① 唐纳德·沃斯特. 尘暴：20世纪30年代美国南部大平原[M]. 侯文蕙，译. 北京：生活·读书·新知三联书店，2003：28.

② 唐纳德·沃斯特. 尘暴：20世纪30年代美国南部大平原[M]. 侯文蕙，译. 北京：生活·读书·新知三联书店，2003：18.

桶一桶地向外搬运。令人厌烦的是，沙尘渗进所有的生活用品中，让人们在吃饭喝水时总能感觉齿间的沙子，甚至每吸一口气都会向肺部灌入大量的沙子。

不知不觉间，一种被称为"尘肺炎"的呼吸道疾病在大平原蔓延起来，而其他的呼吸道疾病也开始肆虐。在"黑色星期天"前后的沙尘天气影响下，堪萨斯米德县4月份有52%的就医者患上了严重的呼吸道疾病，其中32人死亡，而福特县1935年1/3的逝者都与这种肺炎密切相关。可以说，尘暴天气不仅夺取了体质较弱的老人和孩童，更击倒了许多健康的青壮年。而那些侥幸活下来的人也不得不常常经受沙尘的侵袭，吸灰，吃土……为了将喉咙里带着尘土的痰清除出来，不少人被迫在嗓子眼里涂上煤油、猪油或者松节油，尽管他们讨厌这些油脂的气味。

在尘暴天气下，居民们可以采取各种防护措施来降低损失，然而大平原的动物却难逃沙土的魔爪。尘暴来得突然，牲畜和其他野生动物一点防卫都没有，裸露在飞扬的沙尘环境中。有人曾亲眼看见自己家养的牛因为吸进过多的沙土而死去，经解剖发现，牛肺部的沙土和泥巴竟然结成了硬块。[1]在河里，水面上漂满了尘土，鱼儿也死去了。而在每一次沙尘暴过后，横七竖八躺在草原上的兔子、小鸟和田鼠的尸体多得数不清。

尘暴毁掉了人和动物的身体，更毁掉了大平原上人和动物赖以生存的环境。在南部大平原，形成1英寸左右的肥沃的表层土壤大致需要1000年的时间，然而在短短的几分钟的时间内，尘暴刮起的大风便会将这些积累的表土都吹走，露出贫瘠的沙质土层。尘暴的肆虐，让总面积将近1亿英亩的土地变成了不毛之地，其中的100多万英亩良田甚至成为沙漠！与此同时，尘暴天气对农作物也具有极大地危害。在30年代的大平原，每每到了春天小麦长势不错时，尘暴便到来并持续一段时间，多个昼夜以后，之前

---

① 参见唐纳德·沃斯特. 尘暴: 20世纪30年代美国南部大平原[M]. 侯文蕙, 译. 北京: 生活·读书·新知三联书店, 2003: 20.

绿油油的麦苗便会因为空气中强大的静电而变成褐色——全部死亡。据美国政府调查显示，受"黑色星期天"前后一个多月的尘暴天气影响，1934年的大平原有几英寸厚的肥沃表土被大风刮走，造成了510万吨冬小麦的减产。

　　常年的干旱与沙尘天气让大平原的居民饱受煎熬。到30年代中期，一些居民实在无法坚持下去。一户又一户，重灾区的居民们陆陆续续地搬离了这个已经不适合人居住的地区，去寻找新的生路。这便是美国历史上最大规模的生态移民潮。在南部各州的交通要道上，一辆辆老爷车上装载着从尘暴重灾区拯救出来的任何物品：弹簧床、火炉、水桶、木板……灾民们听说加利福尼亚气候温和，适合种植多样的农作物，便向着西部前进。对于这些移民的悲惨境地，诺贝尔文学奖得主约翰·斯坦贝克在《愤怒的葡萄》中写道："有从堪萨斯来的，有从俄克拉荷马来的，有从得克萨斯来的，有从新墨西哥来的；还有从内华达和阿肯色来的许多人家和一伙一伙的人，他们都是被风沙和拖拉机撵出来的。一车一车的人，一个一个的车队，大家都是无家可归，饿着肚子；两万人，五万人，十万人，二十万人。他们饿着肚子，焦虑不安，川流不息地越过高山；他们都像蚂蚁似的东奔西窜，急于想找工作——无论是扛、是推、是

图4.6　移民母亲

83

拉、是摘、是割，什么都干，无论多重的东西都背，只为了混饭吃。孩子们饿着肚子。我们没有地方住。像蚂蚁似的到处乱窜，要找工作，混饭吃，最要紧的是找耕种的土地。"[①]然而由于承载能力有限，加州人不得不用一句"禁止游手好闲者进入"劝说移民去往别处，甚至不惜在州边境地区排出警察人墙，企图阻止他们进入。即便如此，当时的加利福尼亚州还是涌入了非常多的大平原移民。

这股生态移民潮一直持续到40年代。到1940年，南部大平原各州有250万人逃离了自己的家乡。他们在大平原上留下了一座座废弃的空房子，使不少地区陷入了死一般的沉静中。

尘暴，天灾还是人祸

作为美国历史上破坏性最大的生态悲剧，20世纪30年代的尘暴席卷了差不多三分之二个美国，给那一代的美国人留下了一段非常恐怖的回忆。那么，尘暴是如何发生的？它究竟是天灾还是人祸？

自1930年起，长达10年的干旱与酷热让南部大平原饱受煎熬，气温逐渐上升，植被慢慢枯萎，土地开始龟裂，并呈现沙化的趋势。就像那只只差一根稻草就能压死自己的骆驼一样，这里的环境已经非常脆弱。那么，那根"稻草"是什么？答案是大风。原来，大平原地势平坦，南北贯通，受山风、海风和极地强冷空气的影响，常年遭遇大风天气，而且尘暴重灾区所囊括的得克萨斯州和俄克拉荷马州交界处的平均风速更贵为全国之最。大风起兮尘飞扬。在这种情况下，尘暴的爆发可谓一场"天灾"。然而，这些因素仅仅是表面原因，究其深层原因，还需要从尘暴爆发前一个世纪以来的大规模土地开发说起。

大平原位于北美洲中部，它西起落基山脉，东抵密西西比河沿岸，北

① 约翰·斯坦贝克. 愤怒的葡萄[M]. 胡仲持，译. 上海：上海译文出版社，2007: 233.

至加拿大，南达得克萨斯州，土地面积约占整个美国的1/3。1870年以前，这片广袤的土地一马平川，土壤肥沃，青草在风中泛着涟漪，成群的北美野牛则在这无尽的绿色中嬉戏、奔跑，一派生机勃勃的和谐之景。在美国人的心目中，大平原也被誉为"上帝赐予的礼物"。

19世纪中期，随着"西进运动"的不断推进，外面的人发现了这片草的海洋。他们大规模地捕杀北美野牛，直至其灭绝，同时把饲养的肉牛赶到了这里，冬天在南部草场放牧，夏天则转向更高海拔的草原。1869年太平洋铁路的通车，让来自遥远发达地区的人们有了更多机会了解到这片牛仔的天堂。随后，许多公司如雨后春笋般出现，它们的资本来自东部的律师和银行家，更来自英格兰、苏格兰和爱尔兰的投机者。到19世纪80年代，美国人已经在这辽阔的大平原上开发出了一个"牧牛王国"。好景不长，由于资本家的过度放牧，有的地区甚至牧养了4倍于草场承受力的牛群，土地被破坏。到1885—1886年的冬天，因为草料的严重匮乏，持续了将近二十年的"牧牛王国"轰然倒塌。

然而，一个新的时刻已经到来。

早在19世纪60年代初，美国政府就公布了《宅地法》，规定如果有人在160英亩草地上耕种5年且富有成效，那么这个人只需交纳少量的登记费用就可以成为这片土地的主人。不过，由于当时大平原上的许多土地都被牛肉大王们所垄断，普通的农民无法享用。现在，机会来了。1886年春，上个冬季死牛散发的腐臭还未散去，不少农民便涌进了这片空出来的土地。他们挥舞着锄头，把持着铁犁，开垦着祖国最后的农业边疆。

大平原以黑钙土和褐土为主，呈絮状结构，含沙较多，非常适合翻耕，人们只需在撒下种子后等待雨水降下，便可以在夏季取得丰收。正如一位观察员所言，世纪之交的南部大平原，满眼都是绿色繁茂的土地，满眼都是像巧克力一样的肥沃土壤。①同时，自19世纪70年代开始，美国工业革命的技术成果就开始应用于大平原地区的农业开发，旱作农业技术得到了进一步的革新和推广。到1890年以后，小麦逐渐取代玉米等其他农产品，成为这里的唯一作物，并且在世纪初风调雨顺的日子里获得了稳定的高产。这一切，让越来越多的人羡慕眼红。

为了满足狂热的发展需求，美国政府在几十年间相继颁布了《造林法》《沙漠土地法》《金凯德法》《扩大宅地法》以及《畜牧养殖宅地法》等法案，鼓励民众向西部移民。1909年国会通过的《扩大宅地法》就规定给每户定居者320英亩土地。此外，大平原所在的各级政府也竭尽所能，吸引外来居民。堪萨斯州政府制作的海报中，"印着小汽车一样大的甜瓜，保龄球一样大的葡萄，爬着梯子才可以收获的玉米"，仿佛在告诉人们，只要他们在当地勇敢的开发，这里的原始草地就会变成生产小麦的伊甸园。②

第一次世界大战爆发后，小麦价格节节攀升。为了向欧洲输送小麦，美国政府不遗余力地开垦大平原。

......

服役的士兵们：

免费的土地！！政府提供的大平原上的自耕农场！！拥有你所有的土地。

政府土地办公室

......

牧场的土地在最低价！新草地——西部最好的小麦土地！大平原上的一个选择——只要预付定金就是你的！！

---

① ②纪录片《尘暴重灾区的艰苦岁月》，高国荣提供。

西部肉牛联合公司

……

3万个农场正在售卖中！！300万英亩的优质土地！！现在不多的美元意味着你年老时的一个农场！

大平原土地公司[1]

在政府和大型商业公司强大的广告攻势下，那些响应威尔逊政府"小麦赢得战争！"口号的人们来到了这里，把南部大平原上数百万英亩的草地首次开垦成良田，将这里的每一寸土地都转化为利润。

"一战"后，拖拉机等机械设备开进了大平原，加快了垦荒的速度。有人计算，如果使用畜力，每天只能开垦3英亩的土地，而使用这些象征着农业机械化的设备，每天可以开垦50英亩。借助这些机器带来的生产力，大平原迎来了它的"大垦荒"时期。大量的居民从芝加哥、纽约和美国的四面八方涌入大平原，其中，一些精明的银行家、商人和律师，做起了小麦投机的买卖。他们播下种子就回家，直到收获季节才回到大平原，由于往返都拎着箱包，被称为"箱包客农场主"，此时，为了种上更多的小麦，几乎所有的人都会开着"约翰·迪尔"或其他牌子的拖拉机毁草开荒，可谓无所不用其极。经过不长的时间，这片曾经长满青草的大平原彻彻底底地变成了"美国的粮仓"。

不过，正如故事开头所提到的，正值30年代初小麦获得高产之时，大平原就迎来了长达10年的干旱期。因为人们的垦荒，整个大平原地区的自然植被遭到了毁灭性的破坏，而旱作翻耕又将大量的沙土裸露在外。在狂风的淫威之下，尘暴产生，并与中国黄土高原森林滥伐、地中海地区过度放牧而导致的严重水土流失一起，被国际粮食问题专家乔治·伯格斯托姆

---

[1] 纪录片《破开平原的犁》，高国荣提供。

称为"历史上人为的三大生态灾难"。

美国人如何补救

其实，对于垦殖草原的危害，有识之士很早就预料到，并提出过警告。1878年，作为美国落基山区地理和地质调查所的负责人，约翰·鲍威尔在《关于美国干旱地区土地的报告》中指出，鉴于大平原的气候较东部森林地带更加干旱，只适合发展畜牧业，所以东部地区推行的《宅地法》在大平原地区并不适用。此后，不少智者也向政府陆陆续续地指出了开发大平原的弊端及隐患。不过这些声音异常微弱，并没有引起相关部门的重视。

20世纪30年代，被誉为美国"土壤保护之父"的休·贝纳特站了出来。这位毕业于土壤和农学专业的研究生，于1932年领导了一场"保持土壤，改善农作"的运动。1933年，贝纳特被任命为内政部下属的土壤侵蚀局的首任长官。他向外宣称："在所有野蛮或文明的种族中，美国人已经成为土地最大的破坏者，"并呼吁"唤醒全国民众，行动起来，以改善我们的农业生产方式。"不过，当时的美国政府正忙于挽救大萧条带来的经济损失，对南部大平原的生态问题并未引起重视。

这一情况到1935年发生了改观。当年3月，国会委员会召开了一场听证会，讨论是否设立具有永久地位的水土保持局。会议开始之前，贝纳特已经了解到，一场来自新墨西哥的尘暴即将吹到美国东海岸。于是，轮到自己发言时，贝纳特便故意拖延时间。他讲了一个很糟糕的故事，讲了一上午，而且一章一章地讲，连每一个注释也不放过。听众不急，他也不急；有人打哈欠打瞌睡，他也不急。突然，有位参议员大声地说："天变黑了，可能要下暴雨了"。有人插嘴："可能是尘暴。""我想你是对的。"贝纳特当即表示同意，并大声地说，"参议员先生，它就是我所说的尘暴。"所有人都涌向窗户。只见窗户外面，贝纳特一直在等待的尘暴滚滚而来，一时间，遮天蔽日，暗无天日，空气中夹杂着大量的沙砾。这件事情成为转折点。第74届国会全票通过《土壤保持法》，一致同意在美国农业部下面永久成立水土保持局，并任命贝纳特为首任局长。这一立法和成立机构成为当时世界上第一个以土壤保持为主要内容的法律和政府机关，成为各国未来的效仿对象。

此前，美国人一直都认为土壤是"一种不会毁灭、不会改变的有价资产，是一种取之不竭、用之不尽的资源"[①]。但是，随着尘暴影响的深入，罗斯福政府逐渐将关注点转向南部大平原，并与沙尘展开了一场旷日持久的战争。

为了向世人传递政府治理黄沙的决心，农业保障署于1936年雇用电影人佩尔·洛伦兹拍摄了一部反映尘暴重灾区如何形成的影片《破开平原的犁》，拍摄地点正选在尘暴重灾区的得克萨斯州达尔哈特。该片制作完成后在全国公映，取得了非常大的社会反响。

一年后，美国政府又发起了一项运动，鼓励身处大平原灾区的居民们改变此前的耕作方法，转而采用更保护土壤的耕种方法。然而，政府部门提供的新技术并未立即被采用，因为人们长期以来因循传统，短期内无法改变。后来，为了推广这些技术，政府不得不采取经济手段，即每采用其中的一项耕作技术，每英亩土地就能获得1美元的资助。为了获得这1美元的资助，越来越多的人开始采用新的土壤保护技术。同时，政府采取经济补偿的方式鼓励居民弃耕，建立自然保护区，以恢复天然草原。

在尘暴频发时期，政府还组织民间资源保护队，通过招募志愿者在林区开挖沟渠、植树造林，解决了失业居民的就业问题，并营造起大范围的防风林带。与此相应，在众多居民背井离乡之际，一部分尘暴重灾区的居

---

① 唐纳德·沃斯特. 尘暴：20世纪30年代美国南部大平原[M]. 侯文蕙，译. 北京：生活·读书·新知三联书店，2003：291.

民始终坚守在自己的家乡。为了坚定人们的信心，《得克萨斯州达尔哈特人》报纸编辑约翰·麦卡蒂，在"黑色星期天"一周后创办了坚守者同盟。"总有一天会再下雨，那时，这片土地就会像玫瑰花那样绽放。"他不停地劝说居民们留下来，"在大平原，在得克萨斯州的北边，成千上万的人正在远走他乡，但是我们没有放弃。一块土地如果没有居民，就会凋敝衰落。我们永远都不会离开这里"①正是因为这些本地居民的坚守，美国政府的种种政策才能落实，并取得了较好的成效。到1938年，美国南部大平原65%的土壤不再受到风蚀影响；到1940年，耕地返草返林面积达10多万平方千米，建立了100多个自然保护区。

1939年夏天，南部大平原迎来了久违的甘霖，居民们紧绷了10年的心弦终于可以放松了。

……

不过，这仅仅是美国人在抵御尘暴斗争中的阶段性胜利。在接下来的几十年间，随着金色麦浪的翻滚，人们逐渐忘却了这"尘土飞扬的三十年代"。之后"肮脏的五十年代"、"肮脏的七十年代"悄然而至，恰合时宜地给予人们重拳……

100多年前，恩格斯有言："我们不要过分地陶醉于我们对自然界的胜利，对于每一次这样的胜利，自然界都报复了我们。"

---

① 纪录片《尘暴重灾区的艰苦岁月》，高国荣提供。

5 致命的烟雾
——英美空气污染事件

一直以来，伦敦以其"雾"而闻名于世，被称作"雾都"。著名作家狄更斯在其小说《荒凉山庄》中就特意描述了伦敦的雾："雾笼罩着河的上游，在绿色的小岛和草地之间飘荡；雾笼罩着河的下游，在鳞次栉比的船只之间、在这个大（而脏的）都市河边的污秽之间滚动……偶然从桥上走过的人们，从栏杆山窥视下面的雾天，四周一片迷雾，恍如乘着气球，飘浮在白茫茫的云端。"在狄更斯的文字中，雾的意境是如此美妙，可是在现实生活中，雾却给人们带来了诸多不便，甚至是危害。

回顾工业化进程以来近100多年的历史，因为空气污染而带来引发严重伤亡的烟雾事件屡见不鲜。其中1952年冬季爆发的伦敦烟雾事件，与20世纪中期不断袭击洛杉矶的烟雾事件最具代表性，分别代表了工业化以来的两种空气污染形式，即煤烟型空气污染和光化学空气污染。

1952年伦敦烟雾事件

迷雾漫漫

1952年12月3日早晨，伦敦气象台发出预告，当晚将有一股冷锋南下通过，午间最高气温达到6℃，相对湿度70%。当日白天，明媚阳光普照大地，为冬日伦敦带来温暖，同时，从北海吹来的风，向南拂过，带走了英伦三岛上工厂和居民烟囱内冒出的浓烟，使空气变得格外清新。对当地人来说，这正是一个令人心旷神怡的日子。傍晚，一股高压气旋东南边缘覆盖了伦敦，当地刮起了凛冽的北风。第二天，风云突变，高压气旋沿着自身路线向东南移动，逐渐向伦敦靠近。从这天上午起，风速减慢，云层慢慢增厚，伦敦城又逐渐恢复了往日"雾都"的风采。

12月5日，伦敦气象台的风速表测出了一个匪夷所思的数据——风速几乎为零。此时，英伦首都无风，整座城市都充斥着灰白色的浓雾。从高处看，伦敦城恍若仙境，置于云端。不过，接下来发生事情远没有想象中的那样美好。

作为一座工业城市，伦敦的街头巷尾工厂林立，成千上万个高大烟囱按部就班地排放着燃煤废气；同时，城区几百万居民也延续着几个世纪以来冬日必需的项

图5.1 大雾中的纳尔逊纪念柱

目：烧煤炉取暖。如此一来，几百万根烟囱就像排水一样把烟排出。在这近乎停滞的空气中，由于逆温层的阻隔，排除热废气不但没有上升，反而因为遇冷而下沉返回地面，进而形成厚达100～200米的浓雾。在这浓雾构造的牢笼中，飞机航班取消，火车移动缓慢，公路上的汽车如同蜗牛一般蠕动，泰晤士河中的轮船干脆停靠岸边。

当时，乔治·莱斯利正是伦敦南部克拉芬地区一所学校的学生，而他的家则在距此不远的布里斯顿，他记得一位年纪稍长的朋友买了一辆很旧很破的汽车，必须从克拉芬开回布里斯顿。由于浓雾漫漫，他那坐在驾驶室里的朋友根本无法看见路边的台阶。莱斯利灵机一动，从车上下来，径直走到车前，一屁股坐到发动机盖，就此指挥朋友开车。就在他们穿过克拉芬时，一辆摩托车出现在了莱斯利的左手旁，车主问他："克拉芬公园地铁站怎么走？"莱斯利幽默的答道："你现在已经把摩托车开到了人行道上，如果继续前进20码，你和你的摩托车就将翻到台阶下。"①

其实，"雾都"民众已经习惯了每年冬季都会出现的大雾。在他们的记忆中，白天会从一场薄雾开始，太阳逐渐黯淡，到了午后，宛如"豌豆汤"的浓雾便会占据所有的街道。然而，令他们始料不及的是，1952年12月5日开始的大雾，竟会如此浓密，以至于人们的双眼成为多余。有人讲述了一位朋友父亲的故事：由于室外的能见度非常低，这位父亲不停地寻找自己的位置，可就是找不到路边的街牌，他只好绝望地坐在人行道台阶上。猛然间，一阵局促的声音传入耳朵，走进一看，那是一位盲人用盲杖敲打地面，沿着道路寻找归家的路。最后，借助盲人的盲杖，这位父亲终于找到了归家的路。②

被大雾所影响的，绝不仅仅是人们的出行。迷雾恰逢周末，还导致

---

① George Lesley. The Big Smoke: Fifty years after the 1952 London Smog, London, December 10, 2002[C/OL]. 2005: 29. [2013-11-01]. http://www.icbh.ac.uk/witness/hygiene/smoke.

② 德芙拉·戴维斯. 浓烟似水：环境骗局与环保斗争的故事[M]. 吴晓东，翁端，译. 北京：清华大学出版社，2006: 33.

许多业余活动都无法展开。来自布里斯托尔大学的退休教授罗伊·帕克回忆，1952年的他还是一名伦敦经济学院三年级的学生。大雾降临的那些天，正好赶上周末的橄榄球比赛，由于能见度低，比赛组织者被迫取消该项赛事，这让他这位橄榄球狂热分子非常郁闷。[①]室外看不见，伦敦人的室内生活也受到了严重影响。大雾弥漫的某天夜晚，伦敦的萨德勒威尔斯剧院正在上演根据小仲马小说改编的戏剧《茶花女》。起初，演员们很投入，表演非常顺利，可是在第一幕结束后，观众却坐不住了。原来，随着戏剧表演的不断进行，越来越多的雾气渗进了剧院，让观众的视线逐渐模糊起来。最终，这出戏剧因为观众看不清演员而被迫中止。[②]除此之外，电影院因为观众看不清荧幕而停止营业，学校里的孩子也会因相似的理由而被学校管理者放回家。

脏兮兮的大雾

大雾充斥于伦敦的大街小巷，给当地居民的生产生活带来种种不便，更摧残着他们的身心健康。工厂源源不断地生产，民众烧煤取暖的生活方式依然继续，大烟囱、锅炉、壁炉都在不断地冒着浓烟，其中裹挟着大量未能充分燃烧的煤粉、灰尘。伴着大雾，这些残渣在不久后飘然落下，屋顶、街道、轮船甲板、行人衣物帽子上……到处都是它们的"身影"，有些直径较小的颗粒物悬浮在迷雾中，随着人流到处乱窜。

帝国理工学院的退休名誉教授理查德·斯科勒当时已经博士毕业，正在一所大学任职，每天需要骑7英里的自行车往来于温布尔顿和南肯辛顿。有一天，他按部就班地从位于南肯辛顿学校出发，行至途中，却遭遇到了前所未有的经历：他的眉毛被黑色的泥团覆盖，头发间夹杂着各种颗粒，

---

① Roy Parker. The Big Smoke: Fifty years after the 1952 London Smog, London, December 10, 2002[C/OL]. 2005: 19. [2013-11-01]. http://www.icbh.ac.uk/witness/hygiene/smoke.

② 作者不详. Fifty years on The struggle for air quality in London since the great smog of December 1952[M]. Greater London Authority, 2002: 3.

紧握车把的指间缝隙集起了不少黑色的煤屑……他说，当回到家时，他整个人就像跌进了一个满是泥泞的水坑，全身脏脏兮兮的。[①]这样的场景着实令人震惊，使他过了几十年都无法忘怀。

有人指出，从12月5~9日，每天有大约1000吨的粉尘、2000吨二氧化碳、140吨盐酸和14吨氟化物被排放到雾气腾腾的空气中，同时，还有370吨二氧化硫通过化学反应转化成了约800吨的硫酸。[②]迷雾不但非常脏，还透着煤烟味，窜进肺部，让人们难受至极。当时，美国卫生教育部空气污染局局长普兰特正好访问伦敦，由于大雾，飞机不得不降落在离目的地30千米以外的机场。然而，当舱门打开，一股伴着刺鼻味道的浓雾扑面而来，使他未至伦敦却先闻其味。罗伊·帕克也想起了那个周末他对父亲的印象。他发现身为蒸汽机车司机的父亲陷入了极大的呼吸困难中，上气不接下气，不停地喘息。[③]不止这位父亲，还有数以千计、数以万计的伦敦居民感到胸闷，感到窒息，并伴有咳嗽、喉咙疼痛等症状。作为当时伦敦一所医学院附属医院的医务人员，唐纳德·艾奇逊对那几天的场景印象深刻。"1952年12月5~10日正好轮到我值班。雾非常大，能见度特别低，有一次我到附近三四百米的地方去办事都迷了路。"[④]而在他所工作的医院，前来看病的人络绎不绝，绝大部分都是老人和小孩。艾奇逊回忆，患有急性呼吸性疾病的病人特别多，超过了相应科室的床位，于是不少病人住进了外科病房等其他病房，其中的一些男性病人甚至不得不安排在妇产科病房。与此同时，病房里的环境也相当糟糕。伴着雾气，一些煤尘也渗进室内，在洗脸盆、浴缸上留下了层层黑灰，多得让人可以写下自己的

① Richard Scorer. The Big Smoke: Fifty years after the 1952 London Smog, London, December 10, 2002[C/OL]. 2005: 23. [2013-11-01]. http://www.icbh.ac.uk/witness/hygiene/smoke.

② 史志诚. 1952年英国伦敦毒雾事件. 毒理学史研究文集（第六集）. 2006: 2.

③ Roy Parker. The Big Smoke: Fifty years after the 1952 London Smog, London, December 10, 2002[C/OL]. 2005: 19. [2013-11-01]. http://www.icbh.ac.uk/witness/hygiene/smoke.

④ Donald Acheson. The Big Smoke: Fifty years after the 1952 London Smog, London, December 10, 2002[C/OL]. 2005: 22. [2013-11-01]. http://www.icbh.ac.uk/witness/hygiene/smoke.

名字。所以，这些恶劣的条件，让医院也无法治愈受到严重创伤的伦敦市民。不少人死在了病床上，以至于医院的太平间满员，不得不借用解剖部门的实验室，而市政府在了解情况后甚至在好几个地方安排了临时停尸所。一时间，负责殡葬事务的工作人员用光了储备的棺材，花店用于编织葬礼花圈的鲜花也脱销了。①

据统计，在12月5日之后的一周时间内，伦敦死了4703人，远远高于前一年同期的1852人，而在大雾之后的两个多月时间内，又有超过8000人相继死亡。有科学家对烟雾期间的死者年龄和死因做了分析：其中，45岁以上死者最多，1岁以下其次，分别为正常时期的3倍和2倍；同时，有704人死于支气管炎，281人死于冠心病，77人死于肺结核，这些数据均为正常时期的数倍。还有不少人因为心脏衰竭、肺炎、肺癌等病去世。此外，成千上万名幸存者患上了比较严重的后遗症，支气管炎、心脏病、肺癌……可以说，整个伦敦都沉浸在迷雾带来的悲痛与咳嗽声中。

除了人的死伤，动物们也未能幸免。1952年12月初，伦敦西部的史密斯菲尔德区举办了一场家畜展览会，选出了一些体形硕大、健美的优质牛。它们在伦敦市郊的乡村养得肥肥胖胖，刷洗干净后被活动主办方牵到了伦敦市中心附近的伯爵宫展览中心（Earl's Court），供城市居民欣赏。然而，这些牛来到市中心没多久，便齐刷刷地倒在了地上，舌头像狗一样向外伸出……在这起事件中，一头亚伯丁安格斯牛死亡，另外12头遭到宰杀，此外，有60头需要得到兽医的重点治疗，还有大约100头牛需要受到少许治疗。而所有的这些牛都相当年轻，且非常膘壮。值得注意的是，与那些广受关注的获奖牛相比，普通牛幸存下来，算是躲过了一劫。后来人们发现，普通牛之所以存活下来，并不是因为它们的心肺功能有多么强大，而是由于获奖牛的"特殊"的待遇。原来，牛的尿液含有大量能够抵消

---

① 德芙拉·戴维斯. 浓烟似水：环境骗局与环保斗争的故事[M]. 吴晓东，翁端，译. 北京：清华大学出版社，2006: 34.

煤烟中酸性物质的氨，但是氨气非常臭。为了维持良好参观环境，工作人员每天都会更换获奖牛牛棚中含有牛尿的褥草，进而使其丧失了中和空气中酸性物质的机会。然而，普通牛的臭味却无人介意，因此在氨气的保护下，幸存了下来。

政府主导控雾

一场普通的大雾，酿成数千人死亡的灾难，这让"神秘的雾杀手"成为当时许多报纸的头条新闻，引发了社会各界的广泛关注。有学者指出，1952年的伦敦烟雾事件成为英国环境史上的转折点，"英国人在饱尝了因烟雾毒魔对生命的大量吞噬而带来的恐惧之后，不得不痛定思痛，汲取无数生命换来的教训"。[①]

起初，对于事件的发生，英国政府一味地推卸责任，否认众多的人员伤亡及经济损失与烟雾之间的直接联系，引起了许多人的不满。事件发生后一个月，一位议员在议会质问当时负责空气污染事宜的住房及地方政府事务大臣哈罗德·麦克米伦："部长[②]先生，您难道不知道上个月在伦敦地区因空气污染窒息而死的人比1952年整个国家因交通事故而死的人还要多吗？"这位议员认为，一场大雾之时，一周之内比头一年的正常情况下多死了2851个人，这样的数字显然高得有些离谱。不过，麦克米伦似乎并不买账，他反驳道："议员们不能因为天气原因就责备我的同事。"[③]他之所以会坚决抵制几乎所有针对伦敦烟雾事件的质询，原因在于他的立场。由于战争的破坏，伦敦乃至整个英国的房子短缺问题特别严重。1952年，正是麦克米伦为实现保守党竞选时许诺的"修建30万套房子"大显身手的时候，烟雾问题等其他问题都不是他考虑的重点。同时，对于公众关于削

---

① 梅雪芹. 和平之景——人类社会环境问题与环境保护[M]. 南京: 南京出版社, 2006: 34.
② 原译著译文有误, 应为大臣。
③ 德芙拉·戴维斯. 浓烟似水: 环境骗局与环保斗争的故事[M]. 吴晓东, 翁端, 译. 北京: 清华大学出版社, 2006: 34.

减烧煤量和改造现有工厂烧煤效率的呼声，麦克米伦表示根本无法负担其成本，"我不确信目前有必要进一步普遍立法。我们会竭尽全力。但是，尊敬的先生们，你们必须认识到为此不得不考虑进去的众多广义经济因素。"[①]麦克米伦认为，为了归还310多亿英镑的战争债务，英国政府几乎将所有的优质无烟煤卖给美国或者其他欧洲国家来创汇，把低质煤留在国内，同时，当时大约有1200万的家庭壁炉无法燃烧污染较少的无烟煤，有2万辆集中于城市的蒸汽机车使用烟煤，而这些燃煤设施的改造成本将是一笔很大的支出。

不过，政府的冷漠激发了民众的强烈不满，批评质疑政府之声不绝于耳，包括王室成员在内的许多重要人物也纷纷劝说麦克米伦对空气污染加以管控。在巨大的压力下，为了避免在接下来的几年重演1952年冬季的悲剧，麦克米伦终于在1953年5月妥协，同意成立一个专门的委员会调查空气污染问题，由工程师休·比弗担任委员会主席。

经过21个月的辛苦调查与分析，比弗领导的委员会1954年底提供了临时报告和最终的事件报告。委员会指出，从家庭和工厂排出的烟、沙砾、灰尘以及有害气体造成了每年250亿英镑的财产损失，造成大量的人员伤亡。同时，委员会还提出了许多重要的建议，甚至认为如果采纳了这些建议，英国，尤其是伦敦将在10~15年内减低80%的烟浓度。在一份议会讨论记录中，比弗委员会的建议被归纳为以下五点：

1. 除若干例外情况，黑烟的排放应被法律所禁止。

2. 工厂修建新厂房时，应采取一切实际可行的措施，防止砂粒和灰尘的排放。

3. 在中央政府的授权下，地方当局有权指定"无烟区"和"烟控区"。

---

① 德芙拉·戴维斯. 浓烟似水：环境骗局与环保斗争的故事[M]. 吴晓东，翁端，译. 北京：清华大学出版社，2006：34.

4.地方当局具有检查和执法的职责，但某些本应由中央政府检查员督察的工业对象除外。

5.限烟区的户主应要求只能燃烧无烟煤，同时，国家财政和地方财政应该承担绝大部分因更换家庭壁炉而产生的费用。①

通过这些建议，比弗委员会实际上提供了一幅具有现实意义的治污蓝图。不过，由于种种原因，政府并没有马上采取大刀阔斧治污行动，而人们期望已久的治污立法也迟迟没能顺利展开。此时，一些关注公益的人们站到了历史的前台。杰拉德·纳巴罗，一位来自保守党的无公职议员，对于政府表现出的拖沓态度表示强烈不满。于是，他不断向政府施压，凭借个人的影响通过了私人议案《纳巴罗空气清洁条例》。一般来说，这种无公职议员提出的私人议案很少有机会成功转变为法律，但是，它们却可以提醒官员，敦促政府采取应对措施。1956年，经过与政府的协商，纳巴罗收回了自己的私人议案，大大推动了1956年《空气清洁法》的问世。②

作为世界上第一部现代意义上的空气污染防治法，《空气清洁法》要求大规模地改造城市居民燃煤炉灶，减少煤的使用量，实现冬季集中供暖，同时，在城市设立无烟区，禁止在区内使用产烟燃料，并将排烟大户发电厂和重工业强制搬迁到郊区。③它的出台具有重大的历史意义，从此，英国政府开始真正走上了一条治理空气污染的大道。

《空气清洁法》先后于1964年和1968年两次进行修订。其中，1968年的修订过程与1956年极为类似。鉴于1956年《清洁空气法》的缺陷，议员艾恩·马克思维尔亦提出私人议案，强烈要求对其修改和完善，提出"赋予大臣直接命令地方当局呈递烟雾控制计划并敦促实施的权力"。经过努

① http://hansard.millbanksystems.com/commons/1955/jan/25/air-pollution-committees-report，[2013-11-04].
② 刘向阳. 20世纪中期英国空气污染治理的内在张力分析——环境、政治与利益博弈[J]. 史林，2010（3）: 145.
③ 周斌. 伦敦战雾记[J]. 决策与信息，2013（5）: 40.

力，马克思·维尔取得了成功。这些修改，让《空气清洁法》赋予了地方政府负责防治污染的重要权力，使之得以定型。

此后的几十年间，英国陆续颁布《公共卫生条例》《污染控制条例》《碱业工厂规程》以及《工厂安全和卫生条例》等法案，投入大量的资金支持，并在执行层面予以重拳。这些措施，在民众日益高涨的环保意识配合下，取得了效果。尽管伦敦此后依然发生过烟雾现象，但到1980年，伦敦的"雾日"降到了5天，这说明英国的空气污染治理已经取得了重大进展。

洛杉矶光化学烟雾事件

破解烟雾之谜

"二战"期间，美国洛杉矶遭受到了一场严重的袭击，侵略者不是曾

图5.2　阳光与烟雾

经偷袭过珍珠港的日本人，而是弥散在空中的烟雾。据《洛杉矶时报》报道，1943年7月26日，巨大的烟幕降临市区，导致城市中心的能见度急剧下降，让楼房、街道变得朦朦胧胧。在这阳光被遮蔽的白天，洛杉矶的数千居民感到眼睛刺痛，喉咙如同被刮擦一般，伴有咳嗽、流泪、打喷嚏等症状，严重者呼吸不适、头晕恶心，难受至极。他们意识到，自己生活的这个城市出现了很严重的问题。

洛杉矶位于美国西海岸，背靠海岸山脉，面朝太平洋，阳光明媚，气候温暖，风景优美。由于早期金矿、运河等开发，洛杉矶经济发展水平非常迅速。1936年石油的开发，尤其是"二战"爆发以后，在飞机制造和军事工业的带动下，这座城市逐渐成为美国西部地区的重要海港和美国第三大城市，人口和机动车规模迅猛增长。不过，城市的繁荣也带来了空气污染的问题。据气象部门记录，1939—1943年，洛杉矶的能见度迅速下降，在上文提到的那个白天，人们最多只能看见三个街区。有传闻甚至指出，洛杉矶的蒙罗维尔机场一度考虑搬迁，以远离这持续不断的烟雾天气。

洛杉矶的居民越来越担忧那密布于眼前、充斥于肺部的烟雾，并逐渐影响到政府。1943年10月，洛杉矶县议会任命了一个烟雾废气委员会，专门研究该问题。根据这个委员会的建议，县议会于1945年提出禁止浓烟排放，并建立一个大气污染控制机构。不久，洛杉矶市也采取了相似的烟雾废气管理办法，但是洛杉矶县其他城市并未予以行动。

起初，身处烟雾中的洛杉矶人认为工厂是排放烟雾的罪魁祸首，但随着调查的开展，人们的认识有了新的变化。1945年8月，洛杉矶县卫生官员斯沃托特在《帕萨迪纳星报》发表了一系列文章，认为烟雾来源于多处，如柴油卡车、家庭后院焚化炉、城市垃圾场等。他甚至准确地指出了带来烟雾的自然因素，即洛杉矶市处于盆地之中，大气状态以下沉气流为主，再加上逆温层的影响，非常不利于污染物的扩散，极易形成烟雾。[①]大气污染专家雷蒙德·塔克也持相同观点。他在1946年的《洛杉矶时报》发表的文章中指出："将问题完全归罪于工业或工厂时应该慎重，因为每个人都会做出导致污染的事情。"[②]塔克提出了23条详细的意见，包括禁止在家庭后院焚化炉和垃圾场焚烧垃圾，禁止使用冒烟的卡车。此外，他还建议建立一个强有力的、全县范围的大气污染管理机构，及时采取控污措施。

塔克的建议在1947年得以实现，当年4月15日，洛杉矶县议会批准了建立全县统一的大气污染控制区的法例草案。对此，加州城市联盟表示支持，认为县域范围的大气污染控制比单个城市更为有效。该法案得到了加州参众两院的通过，由州长厄尔·沃伦于6月10日签字生效。四个月后，洛杉矶县空气污染控制区以全美第一个相关机构的身份成立。12月30日，控制区强制实施了空气质量计划，要求所有主要公司必须拥有大气污染许可证。此后10年，奥兰治县、里弗赛德县和圣贝纳迪诺县分别成立了各自的控制区，并在以后合并。

尽管建立了县域统一的大气污染控制区，但是人们依然不清楚烟雾的具体成分和具体成因，也不知道该如何控制它。

1948年，加州南部炼油厂附近的农民抱怨空气污染影响了他们的农作物，让植物叶子漂白，而其他地区没有这种现象。根据这一线索，加州理工大学化学教授J.哈根·斯密特开始研究被烟雾损害的植物。哈根·斯密特注意到，尽管采取了控烟措施，但是在烟雾天居民能闻到一股奇怪的漂白剂的味道。同时，有同事告诉他，自己曾在开车时因眼睛疼痛而流泪，以至于无法再睁眼驾车。于是，他在综合考虑后，开始关注洛杉矶空气中高度氧化的元素。1950年，通过实验，哈根·斯密特最终将目光锁定在能

---

① 冬雪. 洛杉矶治理雾霾的艰难历程[J]. 百科知识，2013（9）：35.

② http://www.aqmd.gov/news1/archives/history/marchcov.html，2013-11-04.

够引起眼睛刺痛，损害呼吸道的臭氧。

可是，臭氧又来自哪里？为了弄清问题，哈根·斯密特亲自前往炼油厂收集了一些空气样本，并通过实验得出了最终结论：在阳光的照射下，来自炼油厂的碳氢化合物与来自汽车汽油不完全燃烧排放的氮氧化合物发生了光化学反应，形成了臭氧。实际上，除了臭氧，光化学烟雾还包括氧化氮、乙醛和其他氧化剂，正是它们对人类的健康造成了危害。

行动起来，控制烟雾

掌握了光化学烟雾的原因，洛杉矶政府也随即采取行动，他们把视线集中于排放碳氢化合物的油田、炼油厂等遍及当地的石油工业。由于采取的措施极为严格，碳氢化合物从1947年每天排放2100吨，降为1957年每天250吨。可以说，这样的成绩相当喜人。与此同时，当地政府还妥善处理了垃圾场的露天焚烧问题、减少工厂烟气排放，对冒黑烟的家庭后院的焚化炉予以禁止，并调整了南加州果园的加热问题。①

然而，即便如此，光化学烟雾依然大量存在，甚至呈愈演愈烈之势。上文提到的1943年洛杉矶光化学烟雾事件导致400多人死亡，这一数字仅仅是1952年12月同样事件中洛杉矶市65岁以上老人的死亡数。而在1955年9月，光化学烟雾又造成400多名老人在短短2天内死亡，更多人因受到烟雾刺激而出现眼睛刺痛、呼吸困难等症状。有学者统计了洛杉矶县报道居民患眼睛过敏症的天数，其中1959年是187天，1960年是198天，1961年是186天，1962年是212天。②这样的数据，显示出洛杉矶县的空气污染非但没有好转，反而继续恶化。

真正发生改变的时间是1953年。头一年冬，伦敦的杀人烟雾夺走了4000人的生命。由于害怕同样的灾难会降临洛杉矶，州长古德温·奈特任

① http://www.aqmd.gov/news1/archives/history/marchcov.html，[2013-11-04].
② 冬雪. 洛杉矶治理雾霾的艰难历程[J]. 百科知识，2013（9）：36.

命化学家阿诺德·贝克曼组建一个委员会调查并提出空气污染治理的建议。经过一年多的努力，贝克曼领导的委员会提出了几条影响深远的建议，计划由政府空气管理机构在未来几年实施。他们提出：

1. 削减炼油厂，减少加油行为过程中的蒸发泄漏，进一步降低碳氢化合物排放。
2. 建立汽车尾气排放标准。
3. 柴油卡车和公共汽车采用丙烷作为燃料，取代以前的柴油。
4. 重污染行业考虑放慢发展速度。
5. 禁止室外垃圾燃烧。
6. 发展快速运输系统。[1]

在这几条建议中，委员会注意到了汽车尾气的排放问题。实际上，在石油工业每天排放500吨碳氢化合物的同时，汽车的排放量为1300吨——这正是洛杉矶发生光化学烟雾最大的"元凶"。不过，在美国这样一个车轮上的国度，汽车不仅拉动了制造业的发展，还创造了丰富的经济、文化效益。而在洛杉矶更为都市化的过程中，汽车更是扮演了不可替代的角色。20世纪40年代初，洛杉矶就拥有汽车250万辆，每天消耗石油1100吨，排出碳氢化合物1000多吨，氮氧化合物300多吨，一氧化碳700多吨。[2]如此之多的废气，一经当地灿烂温暖的阳光照射，形成的刺激性的光化学烟雾浓度可想而知。因此，在这里治理汽车问题，面临的挑战是巨大的。

洛杉矶人没有退缩。在制度层面，认识到一个县无法有效控制机动车的污染，加州议会创立了加州机动车车污染控制局，赋予其"测试汽车尾

① Arnold Thackray, Minor Myers Jr. Arnold O. Beckman: One Hundred Years of Excellence[M]. Philadelphia: Chemical Heritage Foundation, 2000: 225.
② 梅雪芹. 和平之景——人类社会环境问题与环境保护[M]. 南京：南京出版社，2006: 27.

气排放并核准排放控制装置"①
的权力。同时,部分官员为了自
己和民众的身体健康,据理力
争。其中,洛杉矶县监察官肯尼
思·哈恩就通过自己的努力,迫
使底特律的汽车大亨生产和安装
了尾气污染控制装置。1953年2
月,哈恩致信福特公司总经理,
询问其公司是否在进行消除或减
少尾气排放的研究,但得到了所
有汽车厂商都没有该研究计划的
答案。哈恩坚持不懈,不断催促
汽车厂商研制尾气控制装置。
到1953年底,汽车厂商表示已
经开始启动该装置研究,并在

图5.3 光化学烟雾笼罩的洛杉矶

哈恩的一再追问下,于1955年回应称将会研发出这样一项减少尾气中碳氢
化合物的装置。18个月后,哈恩又一次追问该装置是否安装于1957年产的
汽车上,回答是次年有可能。通信继续,到1960年11月18日,通用汽车公
司告知哈恩,一种曲轴箱净化器将安装在1961年为加州生产的汽车上,但
效果不佳。直到1966年,改进后的尾气控制装置才正式安装于加州的新汽
车上。

　　由于安装了尾气控制装置,1966—1968年,洛杉机机动车每天排放的
碳氢化合物下降了200吨,一氧化碳和二氧化碳排放量亦下降了不少。但
这些有害物质减少的同时,另一种有毒物质过氧化氮却呈增加趋势。为了

① 冬雪. 洛杉矶治理雾霾的艰难历程[J]. 百科知识,2013(9):36.

图5.4　烟雾中的洛杉矶

解决这一问题，加州于1975年首次作了要求汽车安装催化转换器的强制规定，以此减少碳氢化合物、碳化物以及产生过氧化氮的氧化氮的排放。正如有人所言："洛杉矶的空气质量因为政府的这种强制措施而得到了改善。"①

同时，洛杉矶及其所在的加州还采取了其他方法来限制汽车尾气。自1970年起，洛杉矶坚定地执行美国政府通过的《清洁空气法》，逐步淘汰含铅汽油的使用，并于20世纪七八十年代倡导使用甲醇和天然气代替汽油，以削减一半的机动车烟雾。

---

① http://www.aqmd.gov/news1/archives/history/marchcov.html，2013-11-04.

值得注意的是，尽管洛杉矶政府在1943年以后就不断想办法控制空气污染，但仅仅起到烟雾减轻的效果，并没能完全摘掉美国"烟雾城"的帽子，因为包括洛杉矶在内的整个美国的汽车消费俨然已成为一种特有的文化。直到2007年，经过多年的努力，这顶扣了60年的耻辱的帽子才真正被摘了下来。此时的洛杉矶，终于达到了清洁空气的标准。

作为欧美空气污染史上的两个经典案例，1952年的伦敦烟雾与20世纪中期的洛杉矶烟雾有着不同的特点。1952年伦敦烟雾是比较典型的由燃煤废气和天气因素共同造成的环境灾害，属煤烟型的空气污染。此类灾害的历史可追溯到19世纪上半叶，是一种以煤炭为基础的传统工业带来的空气污染。与之相比，洛杉矶烟雾则发生在石油资源大规模开发与利用的20世纪，是一种较为新型的空气污染形式，已经成为工业发达、汽车众多的大城市的发展隐患。从形成气候上来看，二者爆发时的空气都不流通，但前者多出现在寒冷、潮湿的情况下，而光化学烟雾则需要夏季温暖阳光的照射。

尽管存在以上不同之处，这两种空气污染都带来了巨大的人员伤亡和巨额的财产损失，给那个时代的人们带来了严重的创伤。值得庆幸的是，不管面对的灾难多么可怕，付出的代价多么沉重，当地人始终没有选择放弃，为了自己，也为了子孙后代的健康生活，他们不懈地斗争，哪怕每一次的努力只是换回微小的进步。这便是希望所在。

6 杀手水银
——水俣病与环境诉讼

　　日本九州岛熊本县南部有一座城市名为水俣市，三面环山，西临不知火海和水俣湾，曾是一个渔业兴旺的城市。如果不是因为水俣病这个举世闻名的疾病，我们可能并不会注意这座日本小城。如今，当人们再度造访这座城市时，所看到的与我们想象中的公害之城可能不太一样：周围群山树木葱郁，在淅淅沥沥的春雨中云雾缭绕，恍若仙境。从市中心缓缓流淌的水俣川，河岸绿草如茵，一棵棵巨大的樱花树夹岸而生，即使是下雨天，河水也未见混浊，可见植被的良好。整个市区罕见高楼大厦，极为安逸。①然而，在这美丽与宁静之中，仍有挥之不去的阴影：水俣病和它所带来的病痛如梦魇般缠绕着小城的居民，遗留在环境中的汞仍然是人们无法逃避的隐患。水俣病并没有结束，它仍变换着面目潜伏在人们身边。

① 蓝建中. "奇病" 缠身的日本水俣市如何变生态新城？[N/OL]. [2013-08-14]. http://news.xinhuanet.com/world/2013/04/07/c_132289616.htm .

水俣病的暴发

从1950年开始，水俣接连出现鱼类、鸟、猫、猪、海藻等动植物的异常情况。最初是海洋生物出现异变：章鱼、鲈鱼等海生动物浮出海面，人们伸手就可捞起来；牡蛎等贝类无法附着到船底，甚至出现严重腐烂，臭气熏天；水俣湾内的海藻泛白、枯死，浮上海面，无法在海底生长。[①]情况越来越严重，更多的海洋生物出现了这些异常状况，甚至还出现了鸟类掉落下地的异变。接着，到1953年时，不仅是鱼，连猫和猪等陆上动物也都发狂而死，乌鸦和水鸟等也同样如此。当时有成群的乌鸦迷失方向，或者冲入海里，或者撞向岩石；一些地方的猫和猪接连地出现狂躁而死的现象。[②]后来熊本大学医学部水俣病研究小组的调查数据显示，在121只家猫中，有74只发狂而死。当时，人们把猫的这种步态不稳、抽筋麻痹的异常状况称作猫跳舞病；最后有些猫跳入水中溺亡，当地人谓之"猫自杀"。此时，这些异常状况正逐渐在整个水俣地区蔓延开来，但是人们可能并没有意识到"病魔"已然降临。

1955年，年方19岁的浜元二德出现手、嘴麻痹和发抖的症状，但是他并未放在心上，还和往常一样跟随父母打鱼。7月的一天，他与年纪稍长的朋友中津芳夫想跨过铁道到海边去，但被枕木绊倒了。他感到很奇怪，明明走惯了的路，为什么就摔倒多次呢。他的朋友也表示自己身体有些怪。于是，他们决定去医院检查。医生认为他们是营养不良和过度劳累，并让他们多吃一些有营养的食物。为了增加营养，他们回去后吃了许多鱼。但是情况非但没有好转，还不断地恶化。他们换了几个医生，诊断都是一样的，建议也差不多。一说到补充营养，他们就只知道多吃鱼。[③]同样的事情还发生在一个23岁的渔民身上，1954年，他骑自行车时突然摔倒，说话

---

① ② 原田正纯. 水俣病：史无前例的公害病[M]. 包茂红，郭瑞雪，译. 北京：北京大学出版社，2012：12-13.
③ 原田正纯. 水俣病：史无前例的公害病[M]. 包茂红，郭瑞雪，译. 北京：北京大学出版社，2012：6-7.

口齿不清，浑身发抖。他来到熊本大学附属医院检查，诊断结果为小脑失调症。他的病情一再恶化，并于次年5月去世。[①]当时，医院对这两例病例都是按误诊的疾病来治疗，医生们并没有意识这是一种新的疾病，而究竟有多少误诊者也不得而知。

震惊世界的水俣病正式被发现是在1956年。这一年的4月21日，一位年仅5岁多的女孩到水俣氮肥厂附属医院儿科看病，主要症状表现为行走困难、说话困难，甚至狂躁不安等神经性问题。2天后，她不到3岁的妹妹也出现了行走和手足运动困难，膝盖、手指疼痛等症状，也不得不接入该院接受治疗。据孩子的母亲说，邻家女孩也出现了类似的症状，这才引起医生们的关注。于是，他们组织起来前往调查，结果发现了大量患者。5月1日，水俣氮肥厂附属医院院长细川一向水俣保健所正式报告："发现数名致病原因不明的中枢神经疾病患者"。[②]这一天后来便被定为正式发现水俣病的日子。

关于水俣病的临床症状，细川院长后来在向厚生省提交的报告中写道："症状及其发病过程如下：该病的前期症状并不表现为发热等一般症状，而是逐步发病。首先，四肢末端有麻木感，接着握不住东西，扣不上纽扣，走路会摔倒，不能跑步，说话含糊不清。渐渐地眼睛也看不清东西，听力下降，食物吞咽困难。也就是说，除了四肢麻痹之外，语言、视力、听力、下咽障碍等症状或同时或相继出现。虽然这些症状时有波动，但都会逐渐发展到极其恶性的阶段（最短两周，最长三个月）。此后，有些症状可能会出现暂时减轻的倾向，但大多数都要延续很长时期并留下后遗症。死亡一般发生在发病后两周至一个半月。并发症包括肺炎、类似脑膜炎的症状、狂躁症，以及营养不良、发育障碍等。后遗症有四肢运动障

① 原田正纯. 水俣病：史无前例的公害病[M]. 包茂红，郭瑞雪，译. 北京：北京大学出版社，2012：7.
② 原田正纯. 水俣病：史无前例的公害病[M]. 包茂红，郭瑞雪，译. 北京：北京大学出版社，2012：2.

碍、语言障碍、视力障碍等，极少数病例还会出现听力困难等症状”。①
另外，“对此病康复的预期很不乐观，30名患者中有11名死亡，死亡率高
达36.7%。即使有幸存下来的患者也几乎全都留下了上述后遗症。”②

　　水俣病病例不断涌现，以致人心惶惶。为了应对这种集体突发病，5
月28日，水俣市医生协会和保健所、氮肥厂附属医院、水俣市立医院和市
政府五方联合成立了水俣怪病对策委员会。最初该委员会怀疑是传染病，
开始隔离患者，并对其家庭进行消毒。这本出于好意或政治考虑，却又进
一步引起了社会恐慌。社会上纷纷传言这种怪病是传染病，患者都被传染
病院收治，患者的家属也被排斥在社会交际之外，精神上极度孤立。③自
此，水俣病患者不得不忍受双重痛苦，一方面是来自于病痛的折磨，有些
人在这一过程中死去；另一方面是来自于人们的歧视，即使后来排除了传
染病之说，这种歧视却依然存在。

　　就在水俣人遭受身心折磨的同时，他们还面临着生存危机。许多人
赖以生存的渔业正遭受着严重打击，出现了大幅的衰落。据调查，1956
年的渔业产量比1953年前下降了1/2，最坏时只有它的1/3或更少。据1953
年4~5月的调查，当地花了十几年时间培育的蛤贝，预计收获的产值可达
6000万~7000万日元；但是，7月、8月后沿海千米以内的水产全都死亡绝
收，浮在海湾的海藻类水产业也遭受了严重损失。④

　　自20世纪50年代起，水俣市被这看似突如其来的灾难笼罩着。在这种
情况下，人们也正积极地探寻问题根源的所在，特别是想弄清楚导致水俣
病的罪魁祸首。

---

① 原田正纯. 水俣病：史无前例的公害病[M]. 包茂红，郭瑞雪，译. 北京：北京大学出版社，2012：18-19.
② 原田正纯. 水俣病：史无前例的公害病[M]. 包茂红，郭瑞雪，译. 北京：北京大学出版社，2012：19.
③ 佚名. 50年的思索——日本熊本县水俣市市长吉井正澄访谈录[N]. 科技日报，2001-05-22(4).
④ 原田正纯. 水俣病：史无前例的公害病[M]. 包茂红，郭瑞雪，译. 北京：北京大学出版社，2012：10-11.

追查元凶

    1956年8月24日，熊本大学成立了水俣病医学研究小组；与此同时，分别来自熊大小儿科、内科、病理学和细菌学领域的4位教授访问了水俣市，对水俣病展开调查研究。经过一段时间的辛苦研究，终于取得了一些成果。其报告认为：从流行病学现象来看，水俣病是由共同的原因造成的，是长期连续暴露在某种致病物质中的结果，人们怀疑致病物质是受到污染的、湾中的鱼贝类；从细菌学、病毒学以及血清学的检查结果看，这种病很明显不是由生物原因导致的（即排除了它是传染病的可能）；从临床特征看，除了轻度的精神紊乱外，还有面瘫、罕见的言语障碍、行走困难、书写障碍等相似的运动障碍症、颤抖、有意颤抖、舞蹈病一样的运动等锥体外路混乱性症状，以及小脑失调症状、向心性视野狭窄、听力困难和轻度的自律神经症状；从病理学上看，在中枢神经系统发现特异的和一般的障碍。[①]

    11月4日，水俣病医学研究小组发表分布称：该病是传染性疾病的说法是站不住脚的，应该考虑该病是由某种重金属中毒导致的，其中最为可疑的中毒物质是锰，它是通过鱼贝进入人

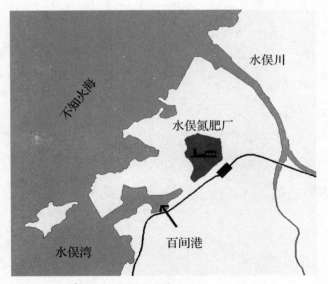

图6.1　水俣市和水俣氮肥厂地图

---

① 原田正纯. 水俣病：史无前例的公害病[M]. 包茂红，郭瑞雪，译. 北京：北京大学出版社，2012：21-22.

体的。①此时，人们已经能够确认水俣湾已被污染了，而排水口就在附近的水俣氮肥厂，因而被认为是污染的元凶。事实上，自怪病暴发时起，人们就已开始怀疑是与水俣氮肥厂排放废水有关了。

水俣氮肥厂的前身是1906年建成的日本氮肥有限公司，从生产肥料开始，后发展成为世界级的大企业。"二战"中它虽然经历了挫折，战后很快重新崛起，成为日本最先进的化学工业企业。水俣氮肥厂的纳税额占水俣市税收的一半以上，是水俣市民的生存支柱，并且是水俣市经济、政治、社会的中心。当时日本的富裕是由于塑料等石油化学品的开发普及而带来的，石油化学产品的基础材料就是乙醛，水俣氮肥厂为当时日本市场提供了近1/3的乙醛，为当时日本整个化工业和战后国家经济复兴做出了重要贡献。②

水俣氮肥厂自其建立之日起便开始了对其周边环境的污染，特别是对周围水域的污染。1925年，水俣即因渔业受污染的损害而向氮肥厂提出赔偿要求，氮肥厂支付了1500日元慰问金，但前提条件是"以后再也不要提出申诉和赔偿要求"。1943年，渔业受害问题再度高涨，氮肥厂和渔业组合缔结赔偿协议，要求氮肥厂支付15.25万日元的赔偿金。③到50年代时，水俣市的渔业已经严重衰落了。当水俣病被正式发现后，水俣市甚至出现了这样的告示："本旅馆和寿司店绝对不会使用来自水俣湾可能致水俣病的鱼，您可以放心食用。"④

当人们已经清楚水俣病是一种中毒症时，努力的焦点便转向了寻找致病物质。尽管当时熊本大学的医学研究小组和厚生省的一些研究都认为有必要禁止捕鱼，但是在没有确定致病物质前，禁止捕鱼得不到法律的支持。政府便出台了一项指南，建议可以捕鱼但不应该吃鱼。如果强行禁止

① 原田正纯. 水俣病：史无前例的公害病[M]. 包茂红，郭瑞雪，译. 北京：北京大学出版社，2012：23.
② 佚名. 50年的思索——日本熊本县水俣市市长吉井正澄访谈录[N]. 科技日报，2001-05-22(4).
③ 原田正纯. 水俣病：史无前例的公害病[M]. 包茂红，郭瑞雪，译. 北京：北京大学出版社，2012：9.
④ 蒂莫西·乔治. 水俣病：污染与战后日本的民主斗争[M]. 清华公管学院水俣课题组，译. 北京：中信出版社，2013：56.

捕鱼，政府便必须对渔民进行赔偿。在此情况下，政府和氮肥厂虽然知道排污致病，也知道危害的严重性，但是只要致病原因没有确定，他们若无其事，无所作为，而正是这种态度才是导致公害发生的并扩大的元凶。[①] 水俣氮肥厂固然是从其自身利益出发，不愿意承担这种责任；而地方政府则害怕氮肥厂停产会影响税收，国家以及整个产业界则害怕它停产影响整个国家经济的发展。也就是说，国家拘泥于通过生产力总量的提高来求得国富民安、造福人民，陷入了生产力至上的窠臼，盲目追求经济效益，完全缺乏对人命的尊重这样的基本的人道主义思想。[②]

根据水俣氮肥厂公布的资料，所排放废水中含有十多种有毒物质，包括铅、水银、锰、砷、硒、铊、铜、氧化镁、氧化钾等有毒物质。这些物质对人体都是有害的，但关键是哪种物质导致了水俣病？当时产生了锰元素说、铊元素说、硒元素说和多重污染说等多种看法。当然，也有人提出了水银中毒说，但没有得到重视。熊本大学医学研究小组的喜田村教授曾说："水银之所以被从怀疑名单中删除，是基于一种成见，即像水银这么贵重的物质肯定不会被扔到海里。"[③]但事实上，只要能够营利，企业在生产过程即使扔掉金子也在所不惜。

1958年3月，英国神经学者道格拉斯·麦卡尔平走访了水俣市，认为水俣病的临床症状与英国亨特和拉塞尔报告的有机水银中毒极其相似。9月，他把观察成果发表在《柳叶刀》杂志上，第一次公开提出了有机水银可能是致病物质的说法。与此同时，水俣病研究小组学术讨论会上，武藤教授也认为对水俣病进行病理学研究的发现与亨－拉报告的有机水银中毒安全完全一样。[④]从此，人们开始更多地关注水银这种有毒物质。

1959年，以熊本大学医学部水俣病研究小组为基础，成立了厚生省水

---

① 原田正纯. 水俣病：史无前例的公害病[M]. 包茂红，郭瑞雪，译. 北京：北京大学出版社，2012：28-29.
② 佚名. 50年的思索——日本熊本县水俣市市长吉井正澄访谈录[N]. 科技日报，2001-05-22(4).
③ 原田正纯. 水俣病：史无前例的公害病[M]. 包茂红，郭瑞雪，译. 北京：北京大学出版社，2012：42-43.
④ 原田正纯. 水俣病：史无前例的公害病[M]. 包茂红，郭瑞雪，译. 北京：北京大学出版社，2012：50.

俣病/食物中毒调查组。调查组对水俣湾水银分布展开调查，结果从水俣病发生时收集的湾内污泥、鱼类和贝类中检测出了大量的水银。从地理分布来看，氮肥厂在湾内的排水口附近水银浓度最高，离排水口越远浓度越低；数据清楚地显示，水银来自工厂的排水沟。据检测，在废水排进海湾的地方汞含量为2010ppm[①]，相当于0.2%，即每吨淤泥含汞2千克，这比汞矿的含量多1倍。[②]

调查组还对水俣病患者、水俣健康居民和水俣地区以外的居民做了头发中水银含量的对比检测，发现其含量分别为705ppm、191ppm、4.42ppm。研究还表明海水中的水银在生物体内得到富集。调查组得出结论认为：水俣病是因食用当地鱼类贝类而引发的神经疾病，毒害了鱼类贝类的水银尤其应该引起注意。以此报告为底本，厚生省食品卫生调查会的常务委员会向厚生大臣提交报告："水俣病是一种会造成中枢神经系统障碍的中毒性疾病，是由于大量摄取生长在水俣湾及其周边地区的鱼类导致的疫病，主要致病物质是某种有机水银化合物。"[③]

令人感到意外的是，报告后的第二天，厚生大臣下令解散了调查组，而此时调查正处在关键时刻。尽管此时调查研究的结论都将矛头指向水俣氮肥厂，但是氮肥厂却极力否认，百般推卸责任。此时，确实没能完全解答废水中的无机水银是如何有机化的、哪种形式的有机水银影响了脑神经细胞这两个关键问题。然而这样的学术问题并不妨碍公害责任的判断：从疫病学来看，工厂排水导致中毒，这是很明确的，这足以判定企业负有责任。并不是所有问题都能百分百地解决，而问题尚未完全解明之前企业不愿负责的态度只会让受害情况更加扩散。[④]

水俣病正式发现后的三年里，水俣氮肥厂的废水排放仍然完全处于放

---

① ppm表示百万分率。
② 蒂莫西·乔治. 水俣病：污染与战后日本的民主斗争[M]. 清华公管学院水俣课题组，译. 北京：中信出版社，2013：39.
③ 原田正纯. 水俣病：史无前例的公害病[M]. 包茂红，郭瑞雪，译. 北京：北京大学出版社，2012：55.
④ 原田正纯. 水俣病：史无前例的公害病[M]. 包茂红，郭瑞雪，译. 北京：北京大学出版社，2012：57-58.

任状态。1959年忍无可忍的渔民聚集起来，要求氮肥厂安装净化装置。通产省也终于作出指示，要求它立即停止向水俣川河口直接排放水，恢复先前的百间港排水口，并安装废水净化装置。年底，氮肥厂建成了以循环利用为核心的废水处理系统。然而让人感到不可思议的是，这个装置并没有发挥作用。后经披露，氮肥厂装这个装置只是迫于社会压力而做出的掩人耳目之举，它对消除有机水银不起任何作用。[①]

1960年，对有机水银的研究终于取得了进展：研究者弄清了甲基汞化合物是乙炔加水反应的副产品。当时水俣氮肥厂的醋酸厂在生产乙醛时便采用了这一工艺，乙炔加水反应中以硫酸汞为催化剂，最后生成了乙醛和甲基汞。在此生产过程中，汞和甲基汞便主要随废水一起排掉了。氮肥厂附属医院的细川院长曾证明了含甲基汞的废水导致了水俣病，并向公司技术部提交了报告，然后退休了。就在这一重要事实将要被掩盖之际，入鹿山教授于1963年公布了他的研究成果：基于对1960年从氮肥厂醋酸工厂的反应管道中直接采集的少量污泥样本的研究，鱼类和贝类中存在的、导致水俣病的甲基汞，正是工厂中生产并直接排放出来的。[②]

至此，终于弄清了水俣病的真相，水俣氮肥厂排放含有甲基汞的废水最终导致水俣病的过程得到了科学的揭示。医学研究者7年的辛苦努力有所进展，然而这短短的7年对水俣病的受害者来说，又无疑是痛苦而漫长的。在这一过程中，水俣氮肥厂和政府都是消极地应对这一问题；特别是氮肥厂，一直没有正视它给水俣带来的灾难，更没有积极地承担它所担负的责任。1932年，水俣氮肥厂开始生产乙醛，至1956年水俣病正式发现，它向周边环境排放有害废水已有24年。正是在这个工业兴旺发展、环境不断被毒害的过程中，人类埋下了祸根，最终给自己致命一击。

---

① 原田正纯. 水俣病：史无前例的公害病[M]. 包茂红，郭瑞雪，译. 北京：北京大学出版社，2012：60.
② 原田正纯. 水俣病：史无前例的公害病[M]. 包茂红，郭瑞雪，译. 北京：北京大学出版社，2012：70-71.

第二水俣病暴发

水俣病爆发后，引起了人们的广泛关注，水俣氮肥厂亦成为众矢之的。但是氮肥厂一直反对把工厂当成是导致水俣病的元凶的说法，其中一个理由是：像水俣氮肥厂这样的工厂在世界上有很多，为什么只有水俣暴发了这样的疾病？[①]就在大家为此感到疑惑不解时，日本仅次于水俣氮肥厂的第二大乙醛生产商昭和电工引发了水俣病。

1964年11月，新潟市一位31岁的男子转院到新潟大学附属医院脑神经外科，收治理由是患上了不明原因造成的脑神经系统疾病。该患者先是出现了手脚和嘴唇麻痹症状，后恶化扩散至全身麻痹，继而出现视野狭窄、语言障碍、步行困难等症状。1965年，将担任新潟大学神经内科教授的椿忠雄认为该患者可能患上了水俣病。头发水银含量检测结果显示，其水银含量高达390ppm。此后，当地媒体又报道了两个患有类似症状的病例。于是，新潟大学椿忠雄、植木幸明两位教授于5月31日向新潟县卫生厅递交报告，称阿贺野川下游暴发了有机水银中毒症。[②]

据《新潟日报》当时的报道："这里的情况与熊本一样，也是从猫可怕的发狂而死开始的。从阿贺野川河口向上五六千米，沿岸各村的村民大都亦农亦渔。为了防止渔网遭到老鼠的破坏，各家都有养猫的习惯。从三十九年[③]早秋到四十年春季，这些猫走路奇奇怪怪，好似乱舞。它们脚步凌乱，就像喝醉了一样，有些在突然向外跑时撞上拉门，有些甚至闯入熊熊燃烧的炭炉里，有些瞳孔半张、吐白沫、痉挛、怪叫而死。村民们感到非常奇怪，但仍不知道猫的命运几个月后也会发生在他们身上。据说还有一条狗也发狂而死，有鸟从天空掉落到屋顶上摔死，有些小猪也是

---

① 原田正纯. 水俣病：史无前例的公害病[M]. 包茂红，郭瑞雪，译. 北京：北京大学出版社，2012：98.
② 原田正纯. 水俣病：史无前例的公害病[M]. 包茂红，郭瑞雪，译. 北京：北京大学出版社，2012：98-100.
③ 日本昭和三十九年，即1964年。

如此……怪事到处传播，村民感到非常恐惧。不久，人也表现出同样的症状。"[1]

新潟市发生的水俣病后来被称为第二水俣病或新潟水俣病，以区别于熊本县的水俣病，这二者与四日市哮喘、痛痛病并称为日本"四大公害病"。从水俣病暴发到第二水俣病暴发，间隔将近十年，水俣病的致病原因也已有了科学的解释，但是新潟人似乎并没有汲取水俣的教训。当新潟出现动物异常的状况时，他们并没有意识到危机即将降临，直到有人出现这种症状时，才引起人们足够的重视。不过，好在新潟水俣病暴发后，当地民众、公民团体、大学和县政府都精诚团结，一起为查明新潟水俣病致病原因而努力。在此过程中，熊本大学水俣病研究小组的教授和已经退休的细川一医生为新潟提供了全心全意的帮助，有力地推动了新潟水俣病的研究。正是基于熊本已有的水俣病研究成果，新潟才得以在第二水俣病研究方面取得更大的进展。

水俣病暴发后，熊本县的态度长期都是消极的，这也使得水俣病致病原因和水俣病患者长期得不到认定。与熊本的消极态度相比，新潟对待水俣病的态度和做法更为可取。第二水俣病暴发后，新潟做了缜密的流行病学调查，并在此基础上确定了一套新的诊断标准。例如，即使一个人没有具备亨－拉综合征的全部症状，但只要他头发中的水银含量在50ppm以上、具备亨－拉综合征的两个以上症状，包括知觉障碍和语言障碍或运动失调症，就可以诊断为患了水俣病。另外，对头发中水银含量超过50ppm的女性患者进行劝告，建议她们避孕，不要用母乳喂养孩子。这也使得新潟当时只出现了一个胎儿性水俣病病例。基于流行病学调查和头发水银含量的诊断标准，后来被证实是正确的。[2]

1966年3月，一份研究报告认为，新潟水俣病的原因很可能是工厂排放

① 原田正纯. 水俣病：史无前例的公害病[M]. 包茂红，郭瑞雪，译. 北京：北京大学出版社，2012：100.
② 原田正纯. 水俣病：史无前例的公害病[M]. 包茂红，郭瑞雪，译. 北京：北京大学出版社，2012：171-173.

的污水。9月，厚生省特别研究小组认为，"从昭和电工鹿濑工厂的排水口采样的污水中检测出甲基汞"。这实际上宣告新潟水俣病的致病原因就是昭和电工鹿濑工厂。[1]

水俣病的认定与诉讼

1958年8月，水俣病"患者家庭互助会"成立，它对水俣氮肥厂提出赔偿要求。尽管氮肥厂通过细川院长的研究，知道工厂的排水中含有有机水银，即自己工厂的排水有问题，仍然抛出反论来扰乱视听，增加患者的不安，拖延赔偿金的谈判。[2]1959年，在各种争论当中，患者家庭互助会被迫孤军奋战，开始与工厂谈判，要求赔偿2.3亿日元，相当于每人300万日元。然而氮肥厂以致病原因与工厂排水之间的关系不明确而未作答复。患者互助会于是在工厂门口静坐，却没有得到市民、工厂、渔协等群体的支持。氮肥厂还联合水俣市市长、市议长、商会等向寺本知事请愿，表示"停止排水就意味着毁掉工厂，导致城市衰退"，要求县警察署"切实保护氮肥厂免遭暴力袭击"。[3]

1959年，官方就已经认定水俣病的致病原因是甲基汞中毒，但是并没有明确责任。是年，患者家庭互助会屈服于寺本知事领导的水俣病纷争调停委员会，被迫接受了调停方案，签订了《抚恤金合同》。它规定死者获30万日元，成人幸存者每年10万日元，未成年人3万日元，丧葬费2万日元。合同还规定，如果查明水俣病与氮肥厂排水无关，氮肥厂即停止发放赔偿金；即使今后查明水俣病是由氮肥厂排水所致，患者也不能要求进一步的赔偿金。不仅如此，合同还规定以后如果出现患者，须经隶属于厚生省的水俣病患者审查委员会的认定。[4]这整个合同几乎都是致力于减少氮

① 原田正纯. 水俣病：史无前例的公害病[M]. 包茂红，郭瑞雪，译. 北京：北京大学出版社，2012：104.
② 原田正纯. 水俣病：史无前例的公害病[M]. 包茂红，郭瑞雪，译. 北京：北京大学出版社，2012：59.
③ 原田正纯. 水俣病：史无前例的公害病[M]. 包茂红，郭瑞雪，译. 北京：北京大学出版社，2012：62.
④ 原田正纯. 水俣病：史无前例的公害病[M]. 包茂红，郭瑞雪，译. 北京：北京大学出版社，2012：62-63.

肥厂所当承担的责任，以及规避它将来可能要承担的责任，完全不是从保护、救助水俣病患者的角度出发。

水俣病正式确认之后，水俣市畸形婴儿问题也涌现出来，他们最初被诊断为脑性小儿麻痹症。据一位母亲说："同一年、在同一个地方出生三四个畸形的孩子，这绝对是非常离奇的事情。我认为就是水俣病。"[1]但是让人们百思不得其解的是，这些儿童并没有吃过当地的海产品，他们是如何患上水俣病的呢？难道婴儿在孕育过程中就已经患上了水俣病？要证明畸形儿所患的就是水俣病并弄清其患病的过程并不容易。直到1962年，有一个胎儿性患者死了，通过解剖才弄清楚，这些畸形儿童就是水俣病的牺牲品：婴儿在孕育过程中即已通过胎盘而中了甲基汞之毒。[2]事实上，甲基汞在食物链中的富集，并没有到母亲这里就停止了，它进一步通过脐带传递给胎儿，至此才算结束。1962年年末，胎儿性水俣病终于得到了官方的承认。

1968年9月，日本政府就水俣病发表正式意见："政府得出的结论是，熊本水俣病是由新日氮水俣工厂[3]乙醛醋酸设备内生成的甲基汞化合物引起的，新潟水俣病是由昭和鹿瀬工厂在乙醛制造过程中排放的废水中含有的甲基汞化合物引起的。"[4]自水俣病正式确认以来，已有12年了，离甲基汞导致水俣病的确认也已有6年了。然而，政府的行动却是如此迟缓。在学术研究和政府行动之间，存在着一条巨大的鸿沟。如果理所当然地认为学术上弄明白了某个问题就意味着解决了问题，那就大错特错了。接下来的问题就是患者的医护和救助以及污染问题的解决，这些都需要政府承担起职责。

在政府就水俣病发布公开声明后，认定申请不断增多，其中有些已经

---

① 原田正纯. 水俣病: 史无前例的公害病[M]. 包茂红, 郭瑞雪, 译, 北京: 北京大学出版社, 2012: 79.
② 原田正纯. 水俣病: 史无前例的公害病[M]. 包茂红, 郭瑞雪, 译, 北京: 北京大学出版社, 2012: 82-86.
③ 即水俣氮肥厂。
④ 原田正纯. 水俣病: 史无前例的公害病[M]. 包茂红, 郭瑞雪, 译, 北京: 北京大学出版社, 2012: 110.

死了。但是1970年根据《公害被害者救济法》而成立的患者认定委员会声明，水俣病的认定仅限于临床症状明显的病例，解剖发现的症状不能成为认定患者的依据，而且申请时已经死亡的患者也不予认定。该法的意图在于通过紧急行政措施对需要救济的人提供救济，因此很自然地就把认定对象局限于活着的人。①

此时，政府还在患者和氮肥厂之间进行协调。1969年，厚生省决定设立第三方协调机构。厚生省要求患者家庭互助会保证对赔偿处理委员会提出的所有结论无条件接受，结果互助会分裂成两派，一派是主张被迫接受政府主张的妥协派，另一派则是拒绝妥协坚持直接谈判的自主交涉派。妥协派接受了妥协，而自主交涉派后来提起了诉讼，又被称为诉讼派。②诉讼派获得了全国广泛的支持，来自全国各地、加入辩护团的律师超过了200人。为了防止公害，支持水俣病诉讼，1969年5月成立了"支持水俣病诉讼和消除公害县民会议"，给诉讼募集资金。6月14日，来自29户的112名诉讼派成员向熊本地方法院提起诉讼，要求赔偿总额642390444日元的抚慰金。这标志着水俣病诉讼的开始。③

在水俣病审判中，由于水俣病是史无前例的公害病，被告氮肥厂主张：自己不可能预见它的暴发，即难以想象会发生这样的事件，因此它是不可避免的事件，因而氮肥厂不存在过失。在水俣病诉讼中，氮肥厂是否有过失成为争论的焦点。1969年9月，旨在支持告发水俣病责任人的运动的组织成立，名为水俣病研究会。针对氮肥厂的主张，当时有些会员建议避开过失问题，只用因果关系来证实氮肥厂应该承担的责任，即无过失责任论。这虽然很方便解决眼下的问题，但是对于预防公害的发生并无作用。于是，有会员提出了证明"过失"的理论，即"过失就是应该预见到结果

① 原田正纯. 水俣病: 史无前例的公害病[M]. 包茂红, 郭瑞雪, 译, 北京: 北京大学出版社, 2012: 112.
② 原田正纯. 水俣病: 史无前例的公害病[M]. 包茂红, 郭瑞雪, 译, 北京: 北京大学出版社, 2012: 113.
③ 原田正纯. 水俣病: 史无前例的公害病[M]. 包茂红, 郭瑞雪, 译, 北京: 北京大学出版社, 2012: 114.

但却没有履行注意义务的事实"。会员认为，在水俣氮肥厂的生产过程中，从原料到产品，再到废弃物都极具危险性，氮肥厂有义务注意其生产过程可能带来的后果，并确保周围居民免于伤害。很显然，水俣氮肥厂并没有履行其注意义务，因此存在过失。①过失理论为判定氮肥厂的责任提供了理论依据。

1973年3月，熊本地区法院斋藤次郎法官宣布，支持水俣病受害者以企业玩忽职守罪控告水俣氮肥厂。这次诉讼被称为"第一次水俣病诉讼"，其规定：每一位死者获得1800万日元的赔偿，生者获得1600万~1800万日元的赔偿。②1979年3月，在熊本地裁刑事二部对原氮肥公司经理吉冈喜一和造成水俣病的工厂原厂长西田荣一进行公开审判。裁判长右田实秀宣判：因企业活动引起的公害犯罪，必须严格追究组织上的责任者，但根据两被告年事已高，分别判处他二人监禁2年缓期3年执行。这是日本历史上第一次追究公害犯罪者的刑事责任。③

水俣病并未结束

到底有多少人患上了水俣病？这个问题恐怕无法回答。首先是"水俣病"的界定存在着争议，官方对水俣病的认定只限于临床症状明显的病例，而事实上还存在着大量因有机水银而中毒但病理学上表现并不明显的水俣病。其次，水俣病正式确认前存在着多少水俣病患者也是不清楚的，有人认为水俣病的起始不应当是1956年，它应当更早些。最后，未被人们注意到的水俣病患者有多少也是不清楚的。到2000年，认定为水俣病靠补偿金来维持生活的患者有2265人，其中死亡1350人；还有一些不能断定但也不能否定是水俣病的"灰色的"患者，接受了一次性救济的有10355人；

① 原田正纯. 水俣病：史无前例的公害病[M]. 包茂红，郭瑞雪，译. 北京：北京大学出版社，2012：116-120.
② 蓝建中."奇病"缠身的日本水俣市如何变生态新城？, http://www.news.xinhuanet.com/world/2013-04/07/c_132289616.htm，2013-08-14.
③ 孟浪. 环保保护事典[M]. 长沙：湖南大学出版社，1999：149.

除此之外，还有一些未公开的患者。[①]

　　作为水俣病罪魁祸首的水俣氮肥厂，直到1959年才修建了自己的污水沉淀池，并安装了循环利用设备。然而这只是为了掩人耳目而已，它并不能去除废水中的汞和甲基汞。1966年，氮肥厂终于引进了完整的循环利用系统；1968年，氮肥厂停止生产乙醛，汞的排放至此才算结束。[②]据推算，从20世纪30~60年代，水俣氮肥厂向水俣排放了224~600吨汞。[③]这些汞也将长期存在于水俣的环境中，对人和其他生物都构成潜在的威胁。

　　从20世纪70年代年开始，水俣市致力于清除水俣湾的汞。1974年，为防止受污染的鱼外游，水俣湾建起了隔离网，并将受污染的鱼捕捞，此后23年间捕捞了487吨鱼。从1977年开始，水俣湾内开始实施清除海底受污染

图6.2　水俣病慰灵碑

① 佚名. 50年的思索——日本熊本县水俣市市长吉井正澄访谈录[N]. 科技日报，2001-05-22(4).
② 原田正纯. 水俣病：史无前例的公害病[M]. 包茂红，郭瑞雪，译. 北京：北京大学出版社，2012：152.
③ 布雷特·沃克. 毒岛：日本工业病史[M]. 徐军，译. 北京：中国环境科学出版社，2012：132.

图6.3　水俣病博物馆

淤泥的工程。首先建设围堰，然后用类似于吸尘器的工具从湾内吸出含汞淤泥，注入填埋地，最后用土石覆盖。这项工程耗时14年，花费了485亿日元。工程费用的60%由水俣氮肥厂承担，其余由中央政府和熊本县政府共同承担。如今，在填埋地上建成了一座生态公园，但环境中的汞仍需监测。2006年，为纪念水俣病被正式确认50周年，在生态公园附近的一个小岛上建起了一座"水俣病慰灵碑"。[①]

经历了水俣病浩劫的水俣市，经过多年的不懈努力，现在已成为一座模范环境城市。现在水俣湾的鱼已经可以食用了，水质也有了很大好转，水俣湾成为熊本县最为洁净的海域之一。强烈的环保意识、精细的垃圾分类、垃圾回收再利用、节约的生活方式、新能源的使用、生态产业园以及高森林覆盖率等使得水俣市成为一座模范生态新城。[②]

然而，水俣病患者的痛苦还在延续，并且陆续有新的患者被认定。截至2012年7月31日，共有65151人提出了赔偿申请。50多年之后，水俣病问题并没有最终解决。水俣市所经历的这场自造的灾难，为人类的发展留下了沉痛的教训。

① ② 蓝建中. "奇病"缠身的日本水俣市如何变生态新城？ [N/OL]. [2013-08-14]. http://www.news.xinhuanet.com/world/2013-04/07/c_132289616.htm.

7 现代环保运动之母
——蕾切尔·卡逊的传奇人生

1963年6月一个阳光明媚的清晨，美国新参议院办公大楼的102号听证室挤满了人。过道上和听证桌与前台之间的狭小空间里挤满了摄像师、摆满了设备，记者们检查着他们的麦克风和录音器材。证人平静而且期待地端坐在桌旁，她似乎对房间内的骚动和翘首以待的人群毫无觉察。此时，一位满头白发的老人走了进来，清了清嗓门，开始用他反复演练过的模仿亚伯拉罕·林肯会见哈丽叶特·比彻·斯托①的语调说："卡逊

图7.1 蕾切尔·卡逊

①哈丽叶特·比彻·斯托是著名小说《汤姆叔叔的小屋》作者，其书对19世纪中期美国的废奴运动产生了深远影响。1862年，美国"南北战争"正处高潮，林肯总统与之会见时说："您就是写了那本书引发这场伟大战争的小女人了！"

小姐……我们欢迎您的光临。您就是起始这一切的女士。是否请您继续进行……"①这位老人是康涅狄格州的资深参议员，他叫亚伯拉罕·利比科夫，他在这一天天主持环境危害委员会召开的听证会。

作为证人的蕾切尔·卡逊（Rachel Carson, 1907—1964）也是被誉为"绿色圣经"的《寂静的春天》一书的作者，她优雅地谢过参议员后开始陈述自己的观点。这是她期待已久的时刻：一个将她有关禁用滴滴涕（DDT）等农药的倡议转变为国家政策、一个改变人们看待自然界的方式、终止人们对自然的战事的机会。③卡逊以对自然的热爱之心、一己病弱身躯的坚定抗争和《寂静的春天》的巨大影响，开启了现代环境保护运动，并最终改变了美国历史的进程。她的著作、思想和行动也对人类历史的发展特别是世界环境保护进程，产生了深远的影响。

从文学青少年到生物学家

人们看了某部精彩的著作后，常常也会对作者产生兴趣。当人们看了蕾切尔·卡逊的著作，特别是看了《寂静的春天》之后，大概会产生这样的疑问：到底是怎样的人生经历促使她创作了这样一部影响深远的著作？为此，我们有必要去了解她的人生轨迹。

文学青少年

1907年5月27日凌晨，一个女婴在静谧的泉溪镇降生，她的母亲玛丽亚·麦克莱恩以自己母亲的名字卡逊为之命名。泉溪镇是宾夕法尼亚州的一个小镇，阿勒格尼河从这个小镇穿过，距离匹兹堡大约60英里。尽管已遭受现代工业的入侵，但是20世纪初时这里仍然风景如画。1901年《匹兹堡

---

① 林达·利尔. 自然的见证人：蕾切尔·卡逊传[M]. 贺天同，译. 北京：光明日报出版社，1999：1.
② 美国鱼类及野生动物管理局成立于1940年，由原来的生物调查局和渔业局合并而成，由美国内政部统辖。卡逊·卡逊曾在渔业局以及后来的鱼类及野生动物管理局工作过。
③ 林达·利尔. 自然的见证人：蕾切尔·卡逊传[M]. 贺天同，译. 北京：光明日报出版社，1999：2.

领袖报》描述了这里的田园特色："广袤的树林和农田，如画的街道……以及苹果树和枫林掩映之中的漂亮小木屋。"[1]童年时代的卡逊恰好在成长过程中见证了自己家乡环境一天天地变糟。

从卡逊1岁时起，她和她的母亲就越来

图7.2　卡逊之家

越多地到野外去，在树林和果园里散步、寻找泉水、给花鸟和昆虫起名。卡逊的姐姐和哥哥玛丽安和罗伯特都不在家，就剩下她们两个留在家里，有时下午她们会牵上一条狗，穿过农场等着接两个大孩子放学后一起步行回家。他们谈论在树林中所看到的新鲜事，特别是对鸟类的观察，分享野外经历中的欢乐。玛丽亚对大自然的热爱对卡逊产生了很深的影响，童年时代的这种经历塑造了她敏锐的观察力和对细节的关注。[2]儿时缺少玩伴的卡逊乐于从周围自然中寻找乐趣，和野鸟和动物为伴。

儿时的卡逊对文学有着浓厚的兴趣，她下定决心长大后要当一名作家。1954年，她对一群妇女演讲时说："我记得，我刚懂事就想将来当作家。此外，我从小对野外活动和大自然有浓厚的兴趣。我知道，那是我母亲的遗传，我终生都与她共享这种兴趣。"[3]天赋、勤奋和对梦想的执着追求，使她在文学领域取得了瞩目的成就。而这一切都要从她参加一场征

① 林达·利尔. 自然的见证人：蕾切尔·卡逊传[M]. 贺天同，译. 北京：光明日报出版社，1999：5.
② 林达·利尔. 自然的见证人：蕾切尔·卡逊传[M]. 贺天同，译. 北京：光明日报出版社，1999：13.
③ 林达·利尔. 自然的见证人：蕾切尔·卡逊传[M]. 贺天同，译. 北京：光明日报出版社，1999：4.

文比赛开始。

从很小的时候起，卡逊就阅读《圣尼古拉斯》杂志儿童版上刊登的其他年轻人写的故事。创刊于1873年的《圣尼古拉斯》杂志对自然有着密切的关注，它对卡逊自然观的形成也产生了重大影响。1899年成立的圣尼古拉斯联合会很受儿童欢迎，它出版儿童的作品并吸收他们为会员。联合会每月举办一次征文比赛，第一名将获金质奖，第二名获银质奖，获奖作品将予以刊登。当然，孩子们提交的作品应该是独立完成的。

1918年春，卡逊刚刚过完她的第11个生日，她也开始了自己的文学生涯。5月，卡逊准备好了自己的一篇名为《白云中的战役》文章，打算向圣尼古拉斯联合会投稿参加征文比赛。她的母亲在文稿的右上角签署意见，证明："该文章系由我10岁的小女儿卡逊在无人协助之下独立完成。"次日，他父亲在去火车站时，将稿子带到泉溪镇邮局寄出。①

稿件寄出后，卡逊苦苦等待了5个月。当1918年9月的《圣尼古拉斯》送到时，她发现联合会不仅刊登了《白云中的战役》，而且该文还荣获了最佳散文银质奖。这让卡逊一家喜出望外。卡逊接着又以一篇题为《年轻英雄》的文章参加了新一期的征文比赛，该文于1919年1月刊登。第三篇小说《给前线的信》刊登在1919年2月刊上，并使她获得了金质奖。第四篇文章《一场有名的海战》刊登在1919年8月号上，这篇文章也使卡逊荣获联合会"荣誉会员"称号，并得到了10美元的现金奖励。4篇文章的发表使卡逊相信她的文学梦可以成真了。②

接受过良好教育的玛丽亚决定不让卡逊的天赋在一个小小的、变得越来越丑陋的乡镇的农家生活中埋没，她为卡逊规划了一个不同的未来。1921年夏天，年仅14岁的卡逊开始将自己的作品寄到《圣尼古拉斯》杂志社出售，该社编辑称虽然他们不能买下她的文章，但是可以为其他杂志收

① 林达·利尔. 自然的见证人：蕾切尔·卡逊传[M]. 贺天同，译. 北京：光明日报出版社，1999：4.
② 林达·利尔. 自然的见证人：蕾切尔·卡逊传[M]. 贺天同，译. 北京：光明日报出版社，1999：16-17.

买她的稿件，并最终以每字一美分的价格支付了大约3美元的稿酬。这是卡逊获得的第一笔稿费，当收到支票时，她欣喜若狂，并在信封上写了"首次付款"将其珍藏起来。[1]

儿时缺少伙伴友情的卡逊形成了内向的性格，不过玛丽亚特别关心她的健康成长。在二年级到七年级时，卡逊经常缺课，不过她是一个聪明的孩子，在母亲的辅导下，她取得很好的成绩。在母亲的影响下，她不随便交友，而是注重发展智力和追求个人价值，并且淡泊名利。在学校里，她更多地获得了老师而不是同学的注意。在整个高中时代，卡逊都还一直坚持写作。[2]

宾夕法尼亚女子学院的生活

1925年春，卡逊临近高中毕业时打算去宾夕法尼亚州女子学院（后改名查塔姆学院）读大学。这是匹兹堡一所著名的私立学院，它不仅是一所"基督教派学院"，而且有着很高的学术知名度，离泉溪镇也仅16英里。这些也很符合玛丽亚的心意。

图7.3 查塔姆学院，原名宾夕法尼亚州女子学院

卡逊轻松地通过考试轻而易举地考入了这所学校，并获得了每年100美元的州奖学金。然而，每年800美元的寄宿费对她的家庭来说并不是一笔小数

① 林达·利尔. 自然的见证人：蕾切尔·卡逊传[M]. 贺天同，译. 北京：光明日报出版社，1999：17.
② 保罗·布鲁克斯. 生命之家：蕾切尔·卡逊传[M]. 叶凡，译. 南昌：江西教育出版社，1999：14-16.

目，她的父亲罗伯特不得不出售一些田产，玛丽亚则增加了她教的钢琴班的学员人数并卖掉了一些家传银器和瓷器。卡逊深知家里，特别是她的母亲为之所做出的牺牲。[1]

在宾夕法尼亚女子学院，卡逊成为一个文学俱乐部的会员和校报的编辑，她为自己设计了一条通往以文学写作为生的作家生涯的人生道路。[2]然而，作为一名新生，她的课外活动的兴趣不是文学而是体育运动，她当了曲棍球队的守门员，还是篮球队的替补队员。[3]或许是因为性格内向、与众不同的价值观和态度以及满脸的青春痘，只要可能，卡逊总是回避社交活动。

卡逊十分幸运，遇到了一位赏识她才华的老师格蕾·斯考夫。后来，卡逊评价她说："给我们上英语作文课的老师是一位卓越的女性，她真是对我的生活产生了很大的影响。"[4]大学二年级的生物学导言让卡逊产生了浓厚的兴趣，对于未来是走科学之路还是文学之路，她举棋不定。教授这门课程的是玛丽·斯金克，她是一位严厉却极富魅力的老师，卡逊的勤奋好学和对生物学的浓厚兴趣引起了斯金克的关注。[5]在教与学的过程中，这两位志趣相投的女士建立了深厚的友谊。不过，这两位老师都没有跟卡逊提过自然科学和文学的融合的问题，对于这个问题的思考和践行则是她后来的事。

1928年1月，卡逊作出了一个让人吃惊的决定，她将主修课程从文学改为生物学。和当时其他大多数女子学院的学生一样，宾夕法尼亚州女子学院的学生对自己前景的展望至多不过是一个受过教育的贤妻良母而已；有一些也可能找到了老师、护理、文书之类的工作，但是打算在自然科学领

---

① 林达·利尔. 自然的见证人：蕾切尔·卡逊传[M]. 贺天同，译. 北京：光明日报出版社，1999：23.
② 保罗·布鲁克斯. 生命之家：蕾切尔·卡逊传[M]. 叶凡，译. 南昌：江西教育出版社，1999：16.
③ 林达·利尔. 自然的见证人：蕾切尔·卡逊传[M]. 贺天同，译. 北京：光明日报出版社，1999：30.
④ 保罗·布鲁克斯. 生命之家：蕾切尔·卡逊传[M]. 叶凡，译. 南昌：江西教育出版社，1999：16.
⑤ 保罗·布鲁克斯. 生命之家：蕾切尔·卡逊传[M]. 叶凡，译. 南昌：江西教育出版社，1999：16.

域有一番作为的可谓凤毛麟角。①曾有人问卡逊怎么会对自然科学产生兴趣，她为之讲述了她在泉溪镇农场后面的峭壁里发现鱼类化石从而诱发了她深深的好奇心的故事。主修生物课后，和斯金克一起到野外旅行是卡逊最愉快的事情之一。

然而，1928年春假过后，卡逊惊悉斯金克将离开学院去攻读博士学位。4月，卡逊决定追随斯金克而申请攻读约翰·霍普金斯大学动物学系的研究生。5月，卡逊接到动物学系主任H. S. 詹宁斯发给她的允许入学的通知。然而高昂的学费使她没能如愿，卡逊只好先在女子学院读完四年级，此时她还欠着学院1500美元的债。②

1928年12月底，卡逊再次申请进入约翰·霍普金斯大学并很快以"高等学生"获准入学学习动物学，并准备参加1931年5月的毕业考试和学位考试。1929年4月中旬，即将从女子学院毕业的卡逊等来了一个好消息：约翰·霍普金斯大学将为卡逊第一年的研究生进修提供200美元的全额奖学金。当地报纸刊登这则消息时称："奖学金是霍普金斯大学为具有独立研究能力的申请人提供的七份奖学金之一。作为一名女生，能够获得这样的奖学金是很难得的荣誉。"③现在，卡逊家又开始想方设法为卡逊在巴尔的摩的生活费而筹集资金了。

从霍普金斯大学毕业

卡逊去霍普金斯大学注册的时间为1929年10月，在此之前她还有一个不短的暑假。她申请到了伍兹霍尔海洋生物实验室暑期班的名额，并由宾夕法尼亚女子学院提供资助。这个海洋生物实验室是一家科研机构，不仅拥有丰富的科研资源，而且汇聚了大量的自然科学学者。在这里的6周暑

---

① 林达·利尔. 自然的见证人：蕾切尔·卡逊传[M]. 贺天同，译. 北京：光明日报出版社，1999：27.
② 林达·利尔. 自然的见证人：蕾切尔·卡逊传[M]. 贺天同，译. 北京：光明日报出版社，1999：43-45.
③ 林达·利尔. 自然的见证人：蕾切尔·卡逊传[M]. 贺天同，译. 北京：光明日报出版社，1999：48.

图7.4 霍普金斯大学标志性建筑

期生活为卡逊深入了解海洋提供了机会，也为她后来撰写海洋主题的著作埋下了种子。①

1929年10月，卡逊在霍普金斯大学开始了更为深入的生物学的学习和科研生活。经济大危机的到来使原本拮据的卡逊一家的生活变得更为窘迫，罗伯特对土地升值的幻想破灭了。小罗伯特不稳定的工作以及玛丽安近乎失业的状态，使家里的负担更为沉重。卡逊不得不选择半工半读以完成学业和缓解家里的困难，她原来两年取得硕士学位的计划也因此而推迟为3年，并放弃了继续攻读博士学位的打算。1932年5月，卡逊以论文《猫鱼胚胎期和早期幼体的前肾发育》通过了硕士学位考核，6月14日获得硕士学位。②

毕业后的卡逊辛苦地做着兼职并努力寻找一份薪酬符合她期待的工作。在斯金克的建议和帮助下，她参加了联邦公务员资格考试的几项动物学考试，包括中等寄生虫学考试、中等野生动物学和中等水生动物学考试等。1936年7月，卡逊被美国渔业局科技咨询部聘任为中等水生物学研究者，这标志着她作为一名政府科研机构科学工作者事业的开端。③

① 林达·利尔. 自然的见证人：蕾切尔·卡逊传[M]. 贺天同，译. 北京：光明日报出版社，1999：55-58.
② 林达·利尔. 自然的见证人：蕾切尔·卡逊传[M]. 贺天同，译. 北京：光明日报出版社，1999：69.
③ 林达·利尔. 自然的见证人：蕾切尔·卡逊传[M]. 贺天同，译. 北京：光明日报出版社，1999：72-73，76.

成为科普畅销书作家

创作《海风下》

1935年10月，在斯金克的敦促下，卡逊拜访了渔业局代理局长埃尔默·希金斯。尽管他并没有为卡逊提供一个职务，但是约请她为渔业局撰写题为《水下罗曼史》的有关海洋生命的公共教育广播短文。希金斯很喜欢卡逊所写的东西，广播她作品的节目也大获成功。这次写作经历成为卡逊人生的重要转折点。之后，希金斯要求卡逊写一本介绍海洋生命的小册子供政府机构的公告宣传之用。1936年4月，卡逊完成了名为《水的世界》的篇幅仅11页小册子。随后她成为渔业局的科学工作者，并成为该部门唯一女性专业工作者。①

此间，为生活所迫，卡逊还不断地向《大西洋月报》、《读者文摘》、《巴尔的摩太阳报》等报刊投稿，其中有些获得成功，也有一些被拒绝。经过一番修改，原来的《水的世界》改名为《海底世界》在《大西洋月报》1936年9月刊上发表，卡逊因此而获得100美元的稿酬，这是卡逊的作品第一次在国家级刊物上发表。这标志着卡逊首次作为一位公众感兴趣的作者登台亮相，同时也确立了她与众不同的风格，即：集科学的精确性和富有诗意的洞悉力和想象力于一身，令人信服地捕捉大自然永恒的循环、韵律和关系。在海洋生态学中，卡逊不仅发现了一些她喜爱描写的东西，而且找到了可以和她共同分享她的梦想的自然媒介。卡逊后来提到，由这4页发表在《大西洋月报》的文章开始，她的写作灵感便如泉喷涌了。②

崭露头角的卡逊幸运地获得一些伯乐的赏识：奎恩斯·豪，一位著名的记者和出版商；亨德里克·房龙，著名的作家和历史地理学家，畅销书

---

① 林达·利尔. 自然的见证人：蕾切尔·卡逊传[M]. 贺天同，译. 北京：光明日报出版社，1999：73-76.
② 林达·利尔. 自然的见证人：蕾切尔·卡逊传[M]. 贺天同，译. 北京：光明日报出版社，1999：81.

《人类的故事》的作者。奎恩斯看了《海底世界》后曾致信卡逊，询问她是否打算就同一主题写一本书，房龙也向她提出过同样的问题。房龙的来信让卡逊受宠若惊，她也给奎恩斯回复表示虽从未萌生过写书的念头，但愿意讨论这件事。①

房龙对卡逊展现的海洋世界充满了好奇，想进一步了解卡逊对海洋世界认知的程度，他和奎恩斯一起讨论了卡逊为西蒙和舒斯特出版公司写书的可能性。为此，他邀请卡逊到家中做客，并打算将她引荐给出版公司。②1938年1月中旬，卡逊应邀来到了房龙在康涅狄格州旧格林威治的家中，同时受到邀请会面的还有奎恩斯夫妇。

随后奎恩斯和卡逊拟订了写作计划，卡逊也开始了《海风下》一书的写作。这本书的写作进度并不快，直到1941年才出版。关于这本书的创作目的，该书第一版序言介绍：

> 《海风下》的创作是为了使海洋及其生命在读者眼里成为生动的事实……写这本书是因为深信海洋中的生命是值得了解的。来，站在海边，感受退潮时水流慢慢退却；感受从咸咸的沼泽里飘来雾的呼吸；看，不知盘旋了几千年的候鸟在海浪和陆地之间逐浪而戏；看，年老的鳗鱼和年轻的鲱鱼赛跑。这一切如同地球上的许多生命一样，几乎是永恒的。它们一直就在那儿，远远早于人类站在海边赞叹它的奇妙的那一刻。人类的王朝起起落落，它们却一如既往，年复一年，穿越世纪。③

卡逊晚年在回忆自己的写作生涯时，表达了对《海风下》的偏爱。

---

① 保罗·布鲁克斯. 生命之家：蕾切尔·卡逊传[M]. 叶凡，译. 南昌：江西教育出版社，1999：27.
② 林达·利尔. 自然的见证人：蕾切尔·卡逊传[M]. 贺天同，译. 北京：光明日报出版社，1999：82.
③ 保罗·布鲁克斯. 生命之家：蕾切尔·卡逊传[M]. 叶凡，译. 南昌：江西教育出版社，1999：29.

然而，出版于1941年11月的这本书并未获得人们的关注，市场反应颇为冷淡，出版后的6年里只卖出了不到1600册。《海风下》给卡逊带来的总收入也不超过1000美元，这让当时生活非常困窘的她感觉很失望。不过，来自科学界的热烈反应还是使她稍感欣慰。她在给出版商的信中曾说："纯粹稿科学的人，通常对科普读物不屑一顾，但这次他们接受了这本书。"①

创作《环绕我们的大海》②

到1943年时，36岁的卡逊已是一名经验丰富的政府机构官员，通过自己努力在政府机构中得以稳步晋升成为助理水生物学者。此外，她还是一名颇受好评的科普作家，一位受人尊重的通讯作家和级别甚高的官方的自然科学家和编辑。尤为重要的是，她对于如何将自己的科学和文学的才能加以结合方面满怀信心。③

1943年4月，卡逊被调往华盛顿的渔业协调员办事处。半年后，她晋升为水生物学者，并被委任为负责"战时渔业项目"事务的情报专员。尽管年薪已经涨到3800美元，但是其家庭仍然过得很拮据。沉重的工作压力使她常常患病，如感冒发烧和慢性中耳炎导致的严重晕眩。因为《海风下》销路不好，卡逊有些心灰意冷，决定不再写书，转而集中精力为杂志撰稿。④

战时繁重的工作使卡逊考虑离开政府部门，另找一个可以有更多时间写作的工作。她几经努力，却并未实现，《读者文摘》杂志社、奥杜邦协会等都拒绝为其提供一个职位。近10年为公众写作科学题材的通讯报道和

---

① 保罗·布鲁克斯. 生命之家：蕾切尔·卡逊传[M]. 叶凡，译. 南昌：江西教育出版社，1999：63.
② 《环绕我们的大海》（*The Sea Around Us*）中译本：卡逊·卡森. 海洋传[M]. 方淑惠，余佳玲，译. 南京：凤凰出版传媒集团，2010年.
③ 林达·利尔. 自然的见证人：蕾切尔·卡逊传[M]. 贺天同，译. 北京：光明日报出版社，1999：99.
④ 林达·利尔. 自然的见证人：蕾切尔·卡逊传[M]. 贺天同，译. 北京：光明日报出版社，1999：101-102.

公告使卡逊认定了自己的方向。1945年年底，卡逊意识到使她脱离政府机构的唯一途径是通过写作上获得成功来开辟道路。[①]

1946年3月，卡逊的领导批准了她向公众介绍野生生物保护区的题为《保护在行动》的12本系列报道小册子的计划。为了进行研究，她计划从1946年春起到4个自然保护区去进行实地考察。此间，她参加了《户外生活》期刊举办的征文比赛，该比赛将向最佳"自然资源保护誓言"的作者颁发资金。卡逊在自己提交的一篇文章里提出了她的"自然资源保护誓言"：

> 我发誓珍爱并保护
> 美国肥沃的土地，她巨大的森林
> 和河流，她的野生生物和矿产，
> 因为这些正是她伟大之所在，
> 她力量之源泉。[②]

借此，卡逊成为这次比赛3名最高奖获得者之一，并获得1000美元的奖金。

在领导的支持下，卡逊所主持的考察的成果《资源保护在行动》获得出版。这是一系列的小册子，它的出版大获成功，一方面是由于卡逊细致的现场研究，另一方面是因为小册子的写作风格。卡逊独著以及卡逊与别人合著的5本小册子被认为是渔业局出版过的最好的保护区自然历史作品。它们最引人注目之处在于卡逊对生物学在自然循环和自然节律中的作用，以及自然栖息地和野生生物生存要求的相互制约关系的阐述。[③]

[①] 林达·利尔. 自然的见证人：蕾切尔·卡逊传[M]. 贺天同，译. 北京：光明日报出版社，1999：106-109.
[②] 林达·利尔. 自然的见证人：蕾切尔·卡逊传[M]. 贺天同，译. 北京：光明日报出版社，1999：125.
[③] 林达·利尔. 自然的见证人：蕾切尔·卡逊传[M]. 贺天同，译. 北京：光明日报出版社，1999：132.

在此期间，1929年卡逊在伍兹霍尔海洋生物实验室所培养的对于海洋的兴趣再次复活，她又一次投身海洋的探索和研究中。1948年2月，卡逊关于赤潮的研究以《大赤潮之谜》在《田野和溪流》杂志上发表。1949年夏，卡逊继任为渔业局的总编，与此同时，她继续策划撰写一本包括海洋学最新成果的海洋自然史的著作。①

为了更安心地投入创作，卡逊在朋友的建议下找到一位文学经纪人，她叫玛丽·罗黛尔。罗黛尔是一位编辑兼侦探小说作家，她刚刚在纽约成立了自己的文学经纪事务所，卡逊是她的第一个客户。罗黛尔对卡逊的一本题为《重归大海》的书的提纲很感兴趣，两人便开始了合作。

1948年11月，卡逊接到医生传来的一个噩耗，她的导师以及亲密朋友斯金克身患癌症，并将不久于人世。在斯金克弥留之际，卡逊终日陪伴，是年12月9日，斯金克与世长辞，享年57岁。②斯金克的去世对于卡逊是一个沉重的打击，给她的感情留下了无法弥补的空缺。斯金克的终身未婚，以及卡逊的父母、姐姐、哥哥并不幸福的婚姻和际遇，都对她产生了强烈的影响。斯金克一生为自由的价值、为作为一名女性自然科学工作者的尊严而奋斗，为卡逊树立了榜样。③

罗黛尔的到来或许是正当其时吧，至少她的到来为卡逊承担了许多烦恼事，不过更为重要的是罗黛尔的细致的关怀和她在出版界的良好关系，给卡逊带来精神上的安慰和写作事业上的成功。《重归大海》最初的写作和出版计划并不顺利，直到1949年年初，罗黛尔意外地接到了牛津大学出版社编辑沃德林的一封询问该书稿的信。牛津大学出版社北美分社想通过大众图书来打开销售市场，卡逊的样稿和写作计划正合沃德林的心意。关于《环绕我们的大海》这本书是如何出版的，仍存在一些疑团，牛津大学出版社坚持认为卡逊的书稿起码被20家出版社拒绝后才落到他们手里，而

---

① 林达·利尔. 自然的见证人：蕾切尔·卡逊传[M]. 贺天同，译. 北京：光明日报出版社，1999：133-134.
② 林达·利尔. 自然的见证人：蕾切尔·卡逊传[M]. 贺天同，译. 北京：光明日报出版社，1999：135-136.
③ 林达·利尔. 自然的见证人：蕾切尔·卡逊传[M]. 贺天同，译. 北京：光明日报出版社，1999：136.

实际上罗黛尔只将这本书稿寄过一家出版社。①

1949年年底，为了全身心投入写作的卡逊再次决定辞掉她在渔业局的工作。快要完稿时，卡逊和罗黛尔为书名争执了许久，她们不仅对《重归大海》这一书名不满，而且还否定了《海洋的故事》、《海的王国》、《无边的大海》、《卡逊在海上》等标题。直到1950年4月，她们才最终和编辑确定书名为《环绕我们的大海》。②

在写作过程中，卡逊打算在杂志上连载发表，在经历了一些挫折之后，《纽约客》、《科学文摘》、《耶鲁评论》等都表示愿意选择其中的部分章节连载。6月底，卡逊向出版社交了全书的文稿，《纽约客》此时却表示由于全年文章安排已满，为连载该书，需要出版社推迟出版。卡逊和罗黛尔都表示反对，最终商讨的结果是《纽约客》只购买其中1章而不是最终所定的9章来连载。《纽约客》为获得首次连载权向卡逊支付7200美元，在扣除10%的经纪人佣金后，仍比卡逊在政府机构的年收入多。《耶鲁评论》和《科学文摘》也分别购买了一个章节来发表。③对于卡逊和罗黛尔来说，这第一步是成功的，她们不仅获得了可观的收入，而且为这本书做了广告。

书稿交给出版社后，卡逊作了两次短期旅行。之后她焦急地等待着书的出版信息，她还花150美元向西蒙和舒斯特公司买回了《海风下》的版权。牛津出版社拖了三个月，却没有出版《环绕我们的大海》的意思。12月8日，卡逊意外地接到了美国科学发展协会的通知，卡逊在《耶鲁评论》发表的《一座海岛的诞生》荣获1000美元的科学写作奖。这给书的出版带来了转机，在得知她获奖的第二天，牛津出版社便改变了态度，给卡逊寄来了第一批校样。④

① 林达·利尔. 自然的见证人：蕾切尔·卡逊传[M]. 贺天同，译. 北京：光明日报出版社，1999：148.
② 林达·利尔. 自然的见证人：蕾切尔·卡逊传[M]. 贺天同，译. 北京：光明日报出版社，1999：155-156.
③ 林达·利尔. 自然的见证人：蕾切尔·卡逊传[M]. 贺天同，译. 北京：光明日报出版社，1999：156-158.
④ 林达·利尔. 自然的见证人：蕾切尔·卡逊传[M]. 贺天同，译. 北京：光明日报出版社，1999：169.

1951年年初，好消息频频传来。《纽约客》定下了连载日期，每月书评俱乐部在看了《环绕我们的大海》的校样后，拟将其评为甲级图书，这项提名将可能为卡逊带来巨额的奖金。为了给书的出版造声势，牛津大学出版社花费了不少心思，包括

图7.5　卡逊和罗伯特·海恩斯在大西洋海岸

在华盛顿国家印书局举行出书聚会和请书评家撰写书评等。7月2日，《环绕我们的大海》如期出版。《纽约时报》的书评家大卫·登普西给该书以高度评价，他指出卡逊具有将复杂的自然科学写得能够让人们理解的罕见能力，说该书"去掉了大海的神秘，留下了大海的诗意。"①

卡逊将科学和文学融为一体的《环绕我们的大海》登上了畅销书排行榜，时间长达86周，其中32周居排行榜第一位。至出版当年的11月8日，该书的总销量已超过了10万册，圣诞节甚至以每天4000册的速度售出。圣诞节时，《时代周刊》将其评为"本年度最杰出的作品"。该书的畅销也促使牛津出版社再版《海风下》，再版的《海风下》同样成为畅销书，以致出现了卡逊的两本书同时出现在畅销书排行榜的罕见情景。1952年年初，卡逊被授予约翰·勃拉夫奖章，该颁给每年自然历史领域最优秀的作品；与此同时，她还获得国书贸易组织授予的年奖国家图书奖。②可以说，《环绕我们的大海》使得卡逊名利双收，她也因此第一次实现了经济上的宽裕。

① 林达·利尔. 自然的见证人：蕾切尔·卡逊传[M]. 贺天同，译. 北京：光明日报出版社，1999：180.
② 保罗·布鲁克斯. 生命之家：蕾切尔·卡逊传[M]. 叶凡，译. 南昌：江西教育出版社，1999：116.

图7.6 罗伯特·海恩斯和卡逊在大西洋海岸

出版《海之边缘》

有许多读者看了卡逊的书之后，很想知道卡逊到底是一个怎样的人，有人觉得她可能是一位已经头发花白的老人，不然如何会有如此渊博的知识和隽永的文笔；甚至还有人认为她是一位男性作者，尽管"卡逊"这个名字显而易见的是一位女性的名字，这大概是有些人认为只有男性才能创作如此优秀的作品……出名后的烦扰甚至让她感觉十分头疼，并最终不得不选择逃避。

卡逊并没有因为《环绕我们的大海》的成功而志得意满和放缓步伐，她很快又计划写一本新书《海之边缘》作为姊妹篇。卡逊后来表示，在《环绕我们的大海》中，她主要涉及海洋的自然属性，如地质学的起源、波浪、洋流和潮汐的动力，洋面下看不见的世界；而在《海之边缘》，她讲述了那些具有超常、强健、充满活力而又具有适应性的生命是如何在海洋中占领一席之地的故事以及它们如何适应来自各方的巨大而未知的压力并得以生存。[①]

《寂静的春天》的问世

如果卡逊一直按照她"海洋三部曲"的节奏继续创作海洋主题的科普著作或类似的作品，她可能还会继续成为畅销书作家，获得丰厚的收益，

---

① 保罗·布鲁克斯. 生命之家: 蕾切尔·卡逊传[M]. 叶凡, 译. 南昌: 江西教育出版社, 1999: 151.

甚至在美国文学史上占据一席之地。但是这样的道路大概不会让她获得今日崇高的声誉，她在现代环境主义运动中的开拓者地位更多的是因为她撰写了《寂静的春天》一书。

《寂静的春天》的创作

在《寂静的春天》的致谢里，卡逊说："1958年元月我收到了奥尔加·哈金斯的信，信中谈及她生活的小村镇已变得毫无生气，她的痛苦经历迫使我把注意力急转到多年来我一直关注的一个问题。于是，我意识到必须要写这样一本书。"[①]卡逊此说并非虚言，当她还是渔业局的一名工作人员时，就开始关注了滴滴涕（即合成杀虫剂二氯二苯基三氯乙烷）的问题。1945年7月15日，卡逊给《读者文摘》的编辑哈罗尔德·林奇的信中写道：

就在马里兰州我家的后门，进行着一项重要而有趣的实验。大家都听说过滴滴涕可以消灭害虫。这项实验旨在证明当滴滴涕用于更加广泛的领域时是否会有其它作用；它对于益虫或重要的昆虫又会如何；它对靠昆虫为生的水禽以及鸟类会有什么影响；如果使用不当对自然平衡会有什么破坏。[②]

卡逊告诉《读者文摘》的编辑，滴滴涕问题"是对每一个人都有影响的事"，并表示愿意为《读者文摘》写这方面的文章。不过，《读者文摘》认为杀虫剂的文章不合他们的口味，卡逊也因此而将注意力转向其他问题。当时意识到滴滴涕危害的并非只有卡逊一人，其他一些科学家也有这方面的报告和文章。1945年《竖琴》和《大西洋月报》发表了学术权威

① 蕾切尔·卡逊. 寂静的春天[M]. 吕瑞兰，李长生，译. 长春: 吉林人民出版社，1997: 致谢.
② 林达·利尔. 自然的见证人: 蕾切尔·卡逊传[M]. 贺天同，译. 北京: 光明日报出版社，1999: 109.

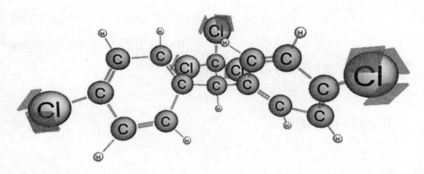

图7.7　滴滴涕结构图

的文章，讨论滴滴涕在破坏自然平衡方面的危险。具有讽刺意味的是，《竖琴》上文章的作者是积极推广滴滴涕的农业部门的一位雇员，他意识到滥用滴滴涕将会带来灾难性的后果。[①]

　　1957年5月，纽约州和联邦当局想要彻底消灭吉普赛蛾、蚊子等，便在长岛拿骚县和萨福克县的上空用飞机洒下了大量的滴滴涕，如天降雨。当时官方的借口是"害虫在纽约市区中蔓延的威胁"。而事实上，吉普赛蛾，是一种森林昆虫，不会生活在城市里，也不会在草地、耕地、花园和沼泽等地方生活。滴滴涕喷洒过后，一些花草和灌木枯萎了，许多鸟、鱼、蟹和益虫也都死了，甚至有一匹赛马因为饮了田野上被洒了农药的小河沟的水而死去。长岛居民在鸟类学家R. C.莫菲的率领下曾向法院提出诉讼，试图阻止喷药计划。[②]但是法院最终认为还没有确凿的证据说明滴滴涕的危害，因而不予支持他们的请求。当时关于滴滴涕的危害是不是真的没有确切证据呢？事实上在专业圈里，滴滴涕的危害已经是很明白的事了，只是公众还被蒙在鼓里。在审判中至少有75项事实被法官判为无效证据，法官不仅拒绝听取事实，甚至拒绝技术报告。[③]

① 保罗·布鲁克斯. 生命之家：蕾切尔·卡逊传[M]. 叶凡，译. 南昌：江西教育出版社，1999：225.
② 保罗·布鲁克斯. 生命之家：蕾切尔·卡逊传[M]. 叶凡，译. 南昌：江西教育出版社，1999：230-231.
③ 保罗·布鲁克斯. 生命之家：蕾切尔·卡逊传[M]. 叶凡，译. 南昌：江西教育出版社，1999：234.

当时密切关注这一事件的卡逊正紧锣密鼓地收集与滴滴涕相关的资料，她最初并没有打算写一本书，只是写一章内容的小册子。1958年5月，她和哈顿·米夫林出版公司签订了出书合同，初定题目为"控制自然"，预计7月完稿，于次年1月出版。[①]随着对滴滴涕问题认识的深入，卡逊意识到她所要写的不当只是短短一章的滴滴涕的问题。这促使她更改写作计划，完成一本前所未有的改变人类对待自然态度的书。卡逊曾告诉罗黛尔："我知道你对写这本书的意义的理解不如我那么深刻，在我看来，写这本书非常重要，它对于生命（尤其是人类）对环境的影响这个问题的探讨将具有深远的意义。"[②]

然而，突如其来的打击让卡逊陷入悲痛之中。1958年11月，卡逊的母亲玛丽亚病重，并于12月初去世。这对卡逊来说是一个非常沉重的打击。卡逊在悼母祭文中郑重说明了母亲对她一生的巨大影响："玛丽亚·卡逊一生都热爱自然资源保护事业，并极大地影响了她的女儿——1952年最畅销书籍《环绕我们的大海》的作者卡逊。"[③]继承了母亲精神遗产的卡逊在孤独和悲痛之中继续未竟之事业，她在信中曾对一位朋友说：

> 认识她的每个人都说热爱生活和一切有生命的事物是她的一大优良品质。她老人家是我所见过的最"敬畏生命"（阿尔伯特·施韦泽语）的人。她温柔、热情，但一旦认定某件事是错误的，她就会像当代的十字军一样勇敢地与之斗争。想到母亲对我的支持，我应该振作起来，完成我的作品。[④]

1959年2月，卡逊重新投入辛勤的工作。卡逊不仅自己收集了大量的资

① 保罗·布鲁克斯. 生命之家：蕾切尔·卡逊传[M]. 叶凡，译. 南昌：江西教育出版社，1999：234.
② 林达·利尔. 自然的见证人：蕾切尔·卡逊传[M]. 贺天同，译. 北京：光明日报出版社，1999：272.
③ 林达·利尔. 自然的见证人：蕾切尔·卡逊传[M]. 贺天同，译. 北京：光明日报出版社，1999：279.
④ 林达·利尔. 自然的见证人：蕾切尔·卡逊传[M]. 贺天同，译. 北京：光明日报出版社，1999：280.

料，而且与许多杰出的科学家沟通，向他们请教。向各专业领域的专家征求意见时，她发现专家们不仅给予她所需要的帮助，而且对她的研究十分感兴趣。

　　原本打算于1960年年初出版的计划由于种种原因不得不推迟。首先是卡逊自己的身体状况很糟糕，她患上了严重的鼻窦炎，甚至出现溃烂。事实上，自1945年以来，她的身体状况便一直不好。1945—1947年，她住了三次院：第一次是做阑尾切除手术，然后是乳房良性肿瘤切除手术，最后是痔疮切除手术。①1950年，在体检中卡逊左乳房发现了第二个肿瘤，她再次做了肿瘤切除手术。②此时，她因患乳腺癌而不得不忍受切除乳房的痛苦，并接受放射治疗。其次是她不得不照顾领养的自己外甥女的儿子罗格，这个孩子当时身体状况也很不好。再者，她在写作过程中总是精益求精，并时常扩充研究内容。最后是牛津出版社想再版《环绕我们的大海》，她不得不对这本书进行修订。到1961年年初时，卡逊因为感染而数周卧床不起。③

　　1962年，《寂静的春天》终于问世了。定名为《寂静的春天》事实上得益于该书的编辑保罗·布鲁克斯。在阅读书稿过程中，当他读到鸟儿寂静无声令人心碎的情节时，便想到了这个题名。罗黛尔还找到了济慈的两句非常恰当的诗句作为题词：

　　　　　枯萎了湖上的蒲草
　　　　　销匿了鸟儿的歌声④

① 林达·利尔. 自然的见证人：蕾切尔·卡逊传[M]. 贺天同，译. 北京：光明日报出版社，1999：133.
② 林达·利尔. 自然的见证人：蕾切尔·卡逊传[M]. 贺天同，译. 北京：光明日报出版社，1999：165.
③ 保罗·布鲁克斯. 生命之家：蕾切尔·卡逊传[M]. 叶凡，译. 南昌：江西教育出版社，1999：252-260.
④ 这两句诗出自约翰·济慈的诗 La Belle Dame Sans Merci. 参见Jonh Keats. La Belle Dame Sans Merci[OL]. [2013-11-04]. http://www.shmoop.com/la-belle-dame-sans-merci/stanzas-1-2-summary.html.

《寂静的春天》引发的"风暴"

1962年6月16日，《纽约客》开始连载《寂静的春天》，并立刻在全国引起轰动，全书于9月27日正式出版。这本书一问世便引发了激烈的争论。《寂静的春天》一书的编辑保罗·布鲁克斯在为卡逊撰写的传记中说："一个世纪前曾围绕达尔文《物种起源》展开了那场典型的争论之后，没有一本书像《寂静的春天》这样遭到那么多人的攻击，因为有些人感觉到他们的利益受到了威胁。达尔文的研究挑战宗教的权威；相应地，《寂静的春天》最初引起社会上相对小部分人（但都是富人）的不高兴，其中包括化学及其相关工业如食品加工业和联邦政府中权力最大的农业部。"①

《寂静的春天》尚未出版时，便遭遇了许多阻挠，大多数化工公司企图禁止它的出版。当它的片段在《纽约客》中出现时，便有人指责卡逊是一个"歇斯底里的女人"。《时代》杂志甚至指责她煽情，有人给她冠以"大自然的女祭司"的称号。②美国氨基氰公司主管领导说：如果人人都忠实地听从卡逊小姐的教导，我们就会返回到中世纪，昆虫、疾病和害鸟害兽也会再次在地球上永存下来。工业巨头孟山都化学公司模仿《寂静的春天》，出版了一本小册子《荒凉的年代》，该书叙述了化学杀虫剂如何使美国和全世界大大地减少了疟疾、黄热病、伤寒等病症，并详细描绘由于杀虫剂被禁止使用，各类昆虫猖獗，人们疾病频发，在社会上造成了极大的混乱，甚至会导致无数人挨饿致死。另有一仿作《僻静的夏天》，描写一个男孩子和他祖父吃橡树果子，因为没有杀虫剂，使他们只能像在远古蛮荒时代一样过"自然人的生活"。③

当然，《寂静的春天》问世后得到了更多的欢迎和赞赏。《纽约客》

---

① 保罗·布鲁克斯. 生命之家：蕾切尔·卡逊传[M]. 叶凡，译. 南昌：江西教育出版社，1999：285.

② 阿尔·戈尔. 寂静的春天：前言[M]. 胡志军，译//蕾切尔·卡逊. 寂静的春天[M]. 吕瑞兰，李长生，译. 长春：吉林人民出版社，1999.

③ 余凤高. 一封信，一本书，一场运动：蕾切尔·卡逊诞生一百周年[J]. 书屋，2007(9)：58-61.

连载了一些片段后，数十种报纸和杂志纷纷转载。书正式出版后，先期销量便达4000册，到12月卖出了10万册。1962年的整个秋季，《寂静的春天》都是《纽约时报》畅销书第一名，后来名次有所下降，圣诞节过后又回升了。据统计，在出版25周年之际，哈顿·米夫林出版公司已售出了16.5万册精装本和180万册平装本《寂静的春天》，如今每年仍能售出大约3万册。这种惊人的销量足以说明它受欢迎的程度。

《寂静的春天》引起的争论并没有让卡逊感到惊讶，但是它所获得的成功却出乎她的意料。再一次，她碰到了和《环绕我们的海洋》出版后同样的情形，被湮没在读者来信中，无法一一回信。这些来信是她内心力量和获得安慰的巨大源泉。其中有一封来自一个"城市男孩"的信令人感动：

> 我具有一位城市男孩对自然的迷恋，这种迷恋是无知的、懵懂但充满敬意的……我打赌许多人都曾经对你说过，但我还是要亲口告诉你：你既是一位诗人，又是一位科学家。说你是诗人，不只是因为你用词得当，而是因为当你描写人类以外的生命时，不用悲惨的笔调和谬误的理论，能使读者对我们的地区、我们的地球的理解有如此的改善。今天，在读了你动人、可爱的文字之后，晚上，当我沿着哈得孙河行驶时，人性的感觉跃然而出。我也知道，你沉静的独白是如此伟大，它将使很多双眼睛睁开，使很多只瓶子封口。①

在这封信的顶端，卡逊写道："仅此一封信，一切辛苦都值了。"②

1964年4月14日，即在《寂静的春天》出版一年半之后，长期遭受癌症等病痛折磨、已是心力交瘁的蕾切尔·卡逊与世长辞了。在其生前，她获得了许多荣誉和赞美。其中包括：美国地理学会向其颁发库兰奖章；奥

---

① 保罗·布鲁克斯. 生命之家：蕾切尔·卡逊传[M]. 叶凡，译. 南昌：江西教育出版社，1999：290-291.
② 保罗·布鲁克斯. 生命之家：蕾切尔·卡逊传[M]. 叶凡，译. 南昌：江西教育出版社，1999：291.

图7.8　蕾切尔·卡逊国家野生动物保护区

杜邦自然科学家协会因卡逊对博物学的贡献而授予她二等保罗·巴奇奖；她因对资源保护的杰出贡献而荣获奥杜邦大奖；动物福利学院施韦泽奖，《寂静的春天》正是献给阿尔伯特·施韦泽[①]的；1963年年底，她当选为美国人文和科学学院院士，包括卡逊在内仅有3名女院士。[②]1966年，美国在缅因州建立了以卡逊的名字命名的野生动物保护区，面积达22平方千米。1980年美国政府追授卡逊"总统自由奖章"，这是美国对普通公民授予的最高荣誉。

[①] 阿尔伯特·施韦泽是20世纪著作的人道主义者和学者，提出了"敬畏生命"的伦理学思想，并在非洲建立丛林诊所，从事医疗援助工作，于1952年获得诺贝尔和平奖。《寂静的春天》正是献给施韦泽的，卡逊引用他的话道："人类已经失去了预见和自制的能力，它将随着毁灭地球而完结。"

[②] 林达·利尔. 自然的见证人：蕾切尔·卡逊传[M]. 贺天同，译. 北京：光明日报出版社，1999：398-401.

卡逊之所以获得这么多荣誉，主要是因为《寂静的春天》。编辑保罗·布鲁克斯说：《寂静的春天》在出版后的10年被誉为世界范围内改变人类历史进程的少数几本书之一，它不是通过疯狂的战争和暴力革命，而是通过改变人类思维的方向做到这点。①美国前副总统阿尔·戈尔在为该书再版写的前言中说："她的声音永远不会寂静。她惊醒的不但是我们国家，甚至是整个世界。《寂静的春天》的出版应该恰当地被看成是现代环境运动的肇始。"②

明天的寓言

《寂静的春天》全书共17章。第一章"明天的寓言"是引子，叙述了美国中部一个原本与周围环境和谐共存的小镇遭遇毁灭、为死亡气息所笼罩的情景。

> 一种奇怪的寂静笼罩了这个地方。比如说，鸟儿都到哪儿去了呢？许多人谈论着它们，感到迷惑和不安。园后鸟儿寻食的地方冷落了。在一些地方仅能见到的几只鸟儿也气息奄奄，它们战栗得很厉害，飞不起来。这是一个没有声息的春天。这儿的清晨曾经荡漾着乌鸦、鹅鸟、鸽子、鲣鸟、鹪鹩的合唱以及其他鸟鸣的音浪；而现在一切声音都没有了，只有一片寂静覆盖着田野、树林和沼泽。③

卡逊表示虽然这个城镇是虚设的，但是在美国和世界其他地方都能找到它的许多翻版。她接下来就是要探寻到底是什么东西让无数城镇的春天

---

① 保罗·布鲁克斯. 生命之家：蕾切尔·卡逊传[M]. 叶凡，译. 南昌：江西教育出版社，1999：222.

② 阿尔·戈尔. 寂静的春天：前言[M]. 胡志军，译//蕾切尔·卡逊. 寂静的春天[M]. 吕瑞兰，李长生，译. 长春：吉林人民出版社，1999.

③ 蕾切尔·卡逊. 寂静的春天[M]. 吕瑞兰，李长生，译. 长春：吉林人民出版社，1997：2.

之音沉寂下来。

第二章"忍耐的义务"认为地球上生命的历史一直是生物及其周围环境相互作用的历史，地球上生命形态和习性是由环境塑造的，其反作用是相对微小的。仅仅是在人类出现之后，生命才具有了改造其周围大自然的异常能力。过去，不断发展、进化和演变着的生命与其周围环境达到了一个协调平衡的状态，而如今人类激烈而轻率的步伐已胜过了大自然的从容步态。在人对自然的战争中，人类创造了大量化学物质来杀死"有害"的生物，这种不计后果的做法也将给人类自身带来灾难。对于杀虫剂，卡逊表明态度说："我的意见并不是化学杀虫剂根本不能使用。我所争论的是我们把有毒的和对生物有效力的化学药品不加区分地、大量地、完全地交到人们手中，而对它潜在的危害却全然不知。"[1]由此可见，许多人抨击《寂静的春天》反对使用农药将给人类带来饥荒和疾病是毫无道理的，这是对卡逊观点的曲解。

在第三章"死神的特效药"里，卡逊表示合成化学药物已是无孔不入，她还详细介绍了当时主要的杀虫剂和除草剂的历史、种类、功效和毒性。卡逊说，现代的杀虫剂致死性更强，其中大多数属于两大类化学药物，即以滴滴涕所代表的氯化烃和有机磷杀虫剂。[2]

滴滴涕即二氯二苯基三氯乙烷的简称，1874年由一位德国化学家合成，但它作为一种杀虫剂的特性直到1939年才被发现，然后被广泛使用；其发现者瑞士化学家保罗·穆勒曾因此而获得诺贝尔生理学或医学奖。滴滴涕无疑是有毒的，不过更为严重的是它在环境中难以降解，并能够通过食物链在生物体内富集。它能够穿过胎盘，由母体传递给新生婴儿，而且在母乳中也检测到了它的存在。氯化烃类化学药物还有氯丹、七氯、狄氏剂、艾氏剂、安德萘，其中安德萘又是毒性最

① 蕾切尔·卡逊. 寂静的春天[M]. 吕瑞兰, 李长生, 译. 长春: 吉林人民出版社, 1997: 10-11.
② 蕾切尔·卡逊. 寂静的春天[M]. 吕瑞兰, 李长生, 译. 长春: 吉林人民出版社, 1997: 14.

强的。[①]

第二大类杀虫剂是烷基和有机磷，也属世界上最毒药物之列。伴随其使用而来的首要的、最明显的危险是，使得施用喷雾药剂的人，或者偶尔跟随风飘扬的药雾、跟覆盖有这种药剂的植物，或跟已被抛掉的容器稍有接触的人急性中毒。这类杀虫剂有对硫磷、马拉硫磷等。[②]

除了杀虫剂，还有用来灭除不需要的草木的除莠剂，或者说除草剂。有人认为除草剂仅对植物有毒，而事实并非如此。当时的除草剂有含砷化合物，它既是除草剂也是杀虫剂，还有二硝基化合物、五氯苯酚等。[③]

第四章至第九章所讲述的是有毒化学物质对地表水、地下水和土壤的污染，受这种污染影响的包括各种植物和动物，我们因之失去了鸟儿的歌唱，得到的是死去的河流。有毒化学物质不仅污染了地面水，还侵入了地下水。然而靠水而生的不只是其他无数的生物，还包括极为缺水的人类自身。土壤综合体是由一个交织的生命之网组成的，不仅有矿物质、有机质、水、空气，还有细菌、真菌和蚯蚓等生物，它们相互作用才能形成繁荣兴旺的土壤。人类在使用广谱杀虫剂杀死一些害虫时，也顺带杀死了许多土壤中不可少的生物体。

水、土壤和由植物构成的大地的绿色斗篷组成了支持着地球上动物生存的世界，人类也同样依此而存。植物是生命之网的一部分，在这个网中，植物和大地之间，一些植物与另一些植物之间，植物和动物之间存在着密切的、重要的联系。美国西部曾试图通过除草剂清除鼠尾草来将这一地带改造成牧场，却酿造了破坏羚羊、黑尾鹿、鼠尾草松鸡等动物栖息地的悲剧，柳树也像鼠尾草一样被毁掉了。[④]同样，人类还借助杀虫剂之

① 蕾切尔·卡逊. 寂静的春天[M]. 吕瑞兰，李长生，译. 长春：吉林人民出版社，1997：16-23.
② 蕾切尔·卡逊. 寂静的春天[M]. 吕瑞兰，李长生，译. 长春：吉林人民出版社，1997：23-27.
③ 蕾切尔·卡逊. 寂静的春天[M]. 吕瑞兰，李长生，译. 长春：吉林人民出版社，1997：30-31.
④ 蕾切尔·卡逊. 寂静的春天[M]. 吕瑞兰，李长生，译. 长春：吉林人民出版社，1997：53-57.

手，以消灭害虫为借口，消灭了许多鸟儿、鱼儿，这也是为什么当春天来临后，大地却为可怕的寂静所笼罩的原因。

第十章"自天而降的灾难"以20世纪50年代美国政府通过空中喷药运动清除东北各州吉卜赛蛾和美国南部火蚁为例，展示了空中喷洒农药所带来的灾难性后果。尽管长岛的

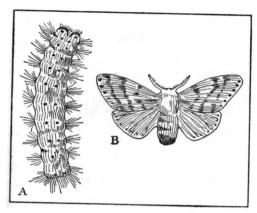

图7.9　吉卜赛蛾

居民曾试图通过诉讼阻止政府的计划，却未得到法院的支持。农业部所推行的空中喷药计划被认为是所有办法中花钱最多、危害最大、而收效最小的一项计划。①

在第十一章"超过了波尔基亚家族②的梦想"里，卡逊将论述的对象转向了小规模毒剂的长期暴露问题。这种情形就像滴水穿石一样，人类和危险药物从生到死地持续接触最终可能被证明会造成严重危害。不管每一次暴露是多么轻微，但这种反复的暴露有助于化学药物在我们体内蓄积，并且导致累积性中毒。杀虫剂在商店里可以毫无顾忌地和日用品甚至食品放在一起，人们买回来之后也被粗心地放在厨房和儿童可以触及的地方。杀虫剂确实帮助人们清除了那些讨人厌的虫子，但是也在人的生活环境里埋下了祸根。

第十二章至第十四章探讨了人类为滥用化学药物所付出的代价。化学药物的生产起始于工业革命时代，到20世纪上半叶时，它已进入一个

① 蕾切尔·卡逊. 寂静的春天[M]. 吕瑞兰, 李长生, 译. 长春: 吉林人民出版社, 1997: 133-149.
② 波尔吉亚家族是15、16世纪意大利著名的贵族家庭，也是一个被财富、阴谋、毒药、乱伦的阴影笼罩着的家族。这个家族的成员在争权夺利的斗争中广泛使用将毒药放在食物里的办法暗害自己的对手。

生产高潮，随之而来的是严重的公共健康问题。造成一系列环境健康问题的原因是多方面的，一是由于各种形式的辐射，二是由于化学药物源源不断地生产出来，杀虫剂仅是其中的一部分。当时，在卡逊看来，"在我们身体内部也存在着一个生态学的世界。在这一可见的世界中，一些细微的病源产生了严重的后果。"①她还指出，化学药物还会对细胞产生损害，氯化烃类农药通过钝化一种特定的酶或通过破坏产生能量的耦合作用而导致产生能量的循环中断，这也意味着新陈代谢循环受到阻碍。接着，卡逊还指出了化学物质的致癌作用。与癌有关的最早使用的农药之一是砷，在人体和动物中，癌与砷的关系由来已久。新型有机农药的致癌可能就更高了，人类暴露于这些致癌物质的机会也越来越多。如第十四章的标题"每四个中有一个"所言，每四个人中会有一个人受到癌症的威胁。

第十五章"大自然在反抗"和第十六章"崩溃声隆隆"讲的是自然对人类滥用化学物质的反应。人类冒着极大的危险竭力改造自然，却并未达到目的，这真是一个讽刺。自然以其自己的方式形成一种平衡的状况，自然平衡不是一个静止固定的状态，而是一种活动的、永远变化的、不断调整的动态平衡状态。它有时于人有利，有时又于人不利；当这一平衡受人本身的活动影响过于频繁时，它总是变得对人不利。②接下来，卡逊特别地谈到了抗药性。昆虫种类中的许多弱者确实被杀虫剂消灭了，但是还是有许多适应能力强的昆虫活下来了，并对原来的药剂产生了抗药性。这无疑是对人类滥用化学药物的一个讽刺和嘲弄。卡逊引用布里吉博士的话说："生命是一个超越了我们理解能力的奇迹，甚至在我们不得不与它进行斗争的时候，我们仍需尊重它……依赖杀虫剂这样的武器来消灭昆虫足以证明我们知识缺乏，能力不足，不能控制自然变化过程，因此使用暴力

---

① 蕾切尔·卡逊. 寂静的春天[M]. 吕瑞兰, 李长生, 译. 长春: 吉林人民出版社, 1997: 164.
② 蕾切尔·卡逊. 寂静的春天[M]. 吕瑞兰, 李长生, 译. 长春: 吉林人民出版社, 1997: 214-215.

也无济于事。"①

那么人类又当如何做呢？卡逊在第十七章指出了"另外的道路"。卡逊认为当时正在兴起的生物控制科学将会是另外的道路，它将会为人类更好地应对"害虫"问题提供解决办法。在全书的结尾，卡逊指出：

> 我们必须与其他生物共同分享我们的地球……我们是在与生命——活的群体、它们经受的所有压力和反压力、它们的兴盛与衰败——打交道。只有认真地对待生命的这种力量，并小心翼翼地设法将这种力量引导到对人类有益的轨道上来，我们才能希望在昆虫群落和我们本身之间形成一种合理的协调……"控制自然"这个词是一个妄自尊大的想象产物，是当生物学和哲学还处于低级幼稚阶段时的产物……（应用昆虫学）这样一门如此原始的科学却已经被最现代化、最可怕的化学武器武装起来了；这些武器在被用来对付昆虫之余，已转过来威胁着我们整个的大地了，这真是我们的巨大不幸。②

一本书带来的改变

《寂静的春天》引起了广泛的争论，总统科学顾问委员会出版的报告使争论出现转折。这份报告认同卡逊的主要科学观点，从而改变了争论的本质。③如何将报告的建议付诸实践成为问题的关键，这需要立法迈出一步。1963年6月，参议员亚伯拉罕·利比科夫在国会开展了大范围的关于环境危害和杀虫剂问题的讨论，接着也就出现了本文开篇所叙述的利比科夫邀请卡逊参加听证会的

---

① 蕾切尔·卡逊. 寂静的春天[M]. 吕瑞兰，李长生，译. 长春：吉林人民出版社，1997：242-243.
② 蕾切尔·卡逊. 寂静的春天[M]. 吕瑞兰，李长生，译. 长春：吉林人民出版社，1997：262-263.
③ 保罗·布鲁克斯. 生命之家：蕾切尔·卡逊传[M]. 叶凡，译. 南昌：江西教育出版社，1999：299.

情景。

　　1970年，美国环保署成立了，这在很大程度上是蕾切尔·卡逊所唤起的意识和关怀起了作用。随后，杀虫剂管制和食品安全调查机构从农业部移到了这个新的机构。到1972年时，美国全面禁止了滴滴涕的生产和使用，之后世界各国也纷纷效法这种做法。

　　《寂静的春天》出版后也迅速在世界范围内传播开来。1963年春，它在英国的名气已经不亚于美国；同年，它被译为法语、德语、意大利语、丹麦语、瑞典语、挪威语、芬兰语、荷兰语在各国发行。随之又出现了西班牙语、巴西语、日语、葡萄牙语和以色列语版本。[①]

　　卡逊的观点大概也是在1963年传入中国。《人民日报》1963年7月19日第4版刊发了《越南民主共和国外交部就关于越南问题的日内瓦协议签订后九年来美国在越南南方进行的"特种战争"发表的备忘录》，该文指出美国军队在越南使用了化学毒剂，其中引述蕾切尔·卡逊的观点说："据美国生物学家蕾彻尔·卡逊说，在农业中滥用化学剂不仅对树木是个威胁，而且对鸟、牲畜，甚至对人也是个威胁。"[②]这大概是卡逊的观点为中国人所知的较早例子。1972—1977年，《寂静的春天》陆续译为中文，开首的几章在中国科学院化学研究所编辑出版的学术刊物"环境地质与健康"上登载过，全书于1979年由科学出版社正式出版。[③]

---

① 保罗·布鲁克斯. 生命之家：蕾切尔·卡逊传[M]. 叶凡，译. 南昌：江西教育出版社，1999：302-303.
② 新华社. 越南民主共和国外交部就关于越南问题的日内瓦协议签订后九年来美国在越南南方进行的"特种战争"发表的备忘录[N]. 人民日报，1963-07-19(4).另可参见《印度支那问题文件汇编》第五集，北京：世界知识出版社，1965：15.
③ 蕾切尔·卡逊. 寂静的春天[M]. 吕瑞兰，李长生，译. 长春：吉林人民出版社，1997：译序.

8 一场本可以避免的灾难
——威尔士艾伯凡尾矿①库溃坝事故

以威尔士的首府加的夫为起点，从东到西，是一片绵延的山谷地带。一座座山脉像排列得整整齐齐的笔架那样从北往南延伸，山中一道道东西对峙的山梁挤得紧紧的，仿佛要拥抱在一起。在每对紧密的山梁脚下，是深深的溪谷，蜿蜒的河流在迂回的山体中哗哗地流淌。

这就是英国著名的煤炭产区——南威尔士。在这片山谷中，密密麻麻地散布着一百多个矿井。这些矿井大多有近两个世纪的开采史，而持续的煤炭开采又带动了附近聚落的形成，以至于狭窄的山谷中渐渐出现了一座又一座的小山村。

艾伯凡就是一个坐落在南威尔士山谷中的小村庄，村庄东面是连绵起伏的默瑟山，流经南威尔士地区大部分城市的塔夫河②（River Taff）从村

---

① 所谓尾矿，是指在煤矿挖掘中，以浆体形态产生和处置的破碎、磨细的岩石颗粒，是选矿或有用矿物提取之后剩余的排弃物。尾矿库一般都筑有坝体以拦截排弃物流散，而溃坝顾名思义就是指坝体决堤，煤渣废物冲出库区，危害库区下方的生活生产活动。参见刘志伟. 矿山企业安全管理[M]. 北京：冶金工业出版社，2007: 191.

② 塔夫河是威尔士境内的一条主要河流，它发源于布雷肯比肯思（Brecon Beacons）山下的两条小河流，并在默瑟特德费尔自治市北面汇合而成塔夫河。塔夫河穿过默瑟特德费尔自治市全境后继续南流，并在加的夫（Cardiff）境内汇入布里斯托湾。

155

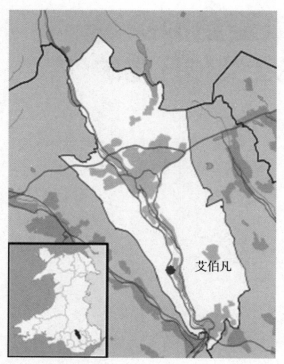

图8.1 艾伯凡在默瑟市的位置

庄东侧穿流而过。背山面水的自然环境滋养了村子里一代又一代矿工，村庄现有不到1000名居民，他们和塔夫河东岸的默瑟韦尔共同隶属于默瑟特德费尔郡级自治市（Merthyr Tdfil County Borough）（简称默瑟市）。

艾伯凡位于默瑟市南部的山谷中，尖尖的教堂塔顶，是村庄里最显眼的建筑物。通常来说，山村中的教堂旁边会有一座纪念陵园，埋葬着在山村附近煤矿中工作的几代矿工的遗体。然而，艾伯凡的公墓却不同于其他山村的公墓，因为在它的纪念陵园里，埋葬的不只是矿工，还有116名儿童。那些儿童都是1966年10月 21日默瑟韦尔煤矿尾矿库溃坝事故的遇难者。

艾伯凡地区的煤炭开采史

艾伯凡所在的南威尔士地区有着丰富的煤炭储备，当地的煤炭使用和开采历史也很悠久。至20世纪前半叶，艾伯凡当地的默瑟韦尔煤矿一直在不断地扩大生产规模，并将默瑟山作为尾矿库，专门放置采煤废弃物煤矸石，还包括煤泥、粉煤灰等煤渣。[①]伴随着生产规模的扩大，默瑟韦尔煤

---

① 冯国宝. 煤矿废弃地的治理与生态恢复[M]. 北京：中国农业出版社，2009: 5.

矿产煤量日益增加，采煤废渣、煤矸石的量也不断增加。其尾矿库起初建在默瑟山中部距海平面650英尺高的地方，随后的半个世纪中，尾矿库容量不断扩大，到20世纪60年代，尾矿库的最高点已达1200英尺。[①]

20世纪30年代，威尔士作家理查德·卢埃林（Richard Llewellyn）和他的爷爷曾在当地居住过一段时间，后来他在其出版的著作《我的山谷曾是多么苍翠》（*How Green was My Valley*）中生动地描述了当时他眼中的尾矿库：

> 首先映入我眼帘的是一个煤渣堆。那是一个巨大的、又长又黑的煤渣堆，那里没有任何活的生命的特征，它就那样毫无生气地堆积着。绿草和鲜花都消失了，它们都被埋葬在矿渣之下。而且每一分钟这个矿渣堆都在扩大，一箱又一箱的煤渣沿着从矿井中延伸出的电缆呼啸而出，继而装在翻斗车里，然后倾倒在那又黑又脏的煤渣堆上。从河的另一面看过去，山谷中房子上高耸的烟囱只比远处矿渣堆的最高峰高出一点点，并且在我观察的时间里，一直有采煤废渣不断地倒在这个废堆上。这个大不列颠的矿井不断发出运输煤渣箱的呼号声，这声音似乎是在提醒山谷应做好日复一日年复一年的吸收煤渣的准备。[②]

事实上，默瑟韦尔煤矿的尾矿库与这篇文学作品中描述的那座并无二致。经年累月的堆积，使得尾矿库中的煤渣量远远超过其承受能力，大大降低了尾矿库的稳定性，极容易发生塌方和溃坝。默瑟山上的尾矿库在1939年、1944年及1963年都有小规模的溃坝事故发生，然而这并未引起煤矿管理者的重视。1966年10月19日和20日，艾伯凡村连续下了两天的暴

---

① 参看网站：http://healeyhero.co.uk/rescue/pits/pits/Aberfan/Aberfan1.htm，[2012-05-04].
② 转引自：Iain McLean and Martin Johnes. Aberfan: Government and Disasters[M]. Cardiff: Welsh Academic Press, 2000: preface.

雨，暴雨令尾矿库中水含量增多，导致库中煤渣废物变得极其稀疏，给本就不稳定的尾矿库更添了份风险，而这也为10月21日尾矿库发生的溃坝事故埋下了伏笔。

艾伯凡尾矿库溃坝事故的发生

1966年10月21日，星期五，艾伯凡村潘特格拉斯小学的247名小学生和9名教师怀着特殊的心情来到学校，开始了一天的学习和工作，因为这天后他们即将迎来7天的期中假期。上午9点15分，孩子们和老师们参加完在学校礼堂里召开的全校大会，回到教室坐下安顿好，准备开始上课。

就在这时，学校上方那座正被雾气笼罩（当天的能见度仅为50米）的默瑟山，那座多年来一直堆放废矸石的默瑟山，突然发出巨大的声响。只见这座矸石山的一部分从巨大的山体中分离出来，形成一股裹挟着碎石、沙砾、树枝和巨砾的黑色浪潮，呼啸着冲向山下的谷地。这股黑色浪潮，含有重约20吨[1]的煤矸石等物质，快速且汹涌地沿着山坡滑行了

图8.2 溃坝形成的泥石流在艾伯凡村上方分成两支，石流分成了两部分，东部的泥石流冲进了艾伯凡村

---

[1] 参见Milutin Srbulow. Slope Stability and Displacement[J]. Geotechnical, Geological and Earthquake Engineering, 2009, 9(4): 107.原文中用a 140-cubic-yard mass来表述泥石流的质量，参考《浅析国内外尾矿坝事故及原因》一文中介绍，明确此处为20吨。

425米，之后分成了北支和东支两部分，北支泥石流渐渐在山坡侧面停止滑行，而东支泥石流则继续向前滑行，并在艾伯凡村冲出了长175米、宽130米的区域。

在冲向山下的过程中，泥石流东支的速度越来越快，以至于当它到达潘特格拉斯小学后方时，已积聚足够的能量，并一举吞噬了靠山而建的四间教室。当时这些教室里有104名学生（52个男孩和52个女孩），年龄都在8~10岁。瞬间，孩子们就被这巨大的黑色泥浆吞没了。而教室里的5名教师和1名行政人员也湮没在泥流中。

然而，这股浪潮并未就此停歇。它继续向前，将6个在学校外等候邻近高中开门的孩子卷入了黑色泥浆。[1]泥石流还摧毁了学校对面成排的20幢房子，并导致居住其中的22名成人和6名孩童死亡。泥石流继续向前，终于在滑行了两三分钟后停了下来。

短短几分钟的时间，144个生命就这样离去，其中有116名是尚未成年的儿童。事后有人做了测算，超过4万立方米的煤渣冲入艾伯凡村，并在村中沉淀成高达40英尺的煤渣堆。[2]

黑色泥石流咆哮过后，是死一般的沉寂。正如一名居民描述的那样："在那样的死寂中，你听不到任何一声鸟叫，听不到任何一声孩啼。"[3]

潘特格拉斯小学上方的七号尾矿库，自1958年建成起，每天堆放250吨采煤产出的废渣、废矸石[4]。至1966年10月21日，这个尾矿库已达

---

[1] Richard A. Couto. Economics, Experts, and Risk: Lessons from the Catastrophe at Aberfan[J]. Political Psychology, 1989, 10(2): 312.

[2] Milutin Srbulow. Slope Stability and Displacement[J]. Geotechnical, Geological and Earthquake Engineering, 2009, 9(4): 107.

[3] Transcript of Tribunal of Inquiry Proceedings[Z]. interview with George Henry Williams, day 4: 192.

[4] Richard A. Couto. Economics, Experts, and Risk: Lessons from the Catastrophe at Aberfan[J]. Political Psychology, 1989, 10(2): 312.

111英尺高，含有29.7万立方码①的废渣，足以将22个英式足球场填到10英尺高。②

最早发现堆放煤矸石的尾矿库有异常情况的是那些负责在山顶开始废渣倾倒的工人。10月21日早上7点，工人们到达位于山顶的工作地点，发现尾矿库的中部出现一个约9英尺深的凹陷，基于其上的部分吊车轨道就此断裂并掉入凹洞中，一名工人旋即向身处煤矿的经理维维安·托马斯（Vivian Thomas）汇报。经理知道这件事情后，建议这名工人和他的工头回到山顶，用氧乙炔喷燃器切断悬在洼陷处上方的轨道，并将起重机挪得离凹陷地点越远越好，还指示当天的倾倒工作可以暂停，因为下个星期一将开辟一个新的尾矿库，即第八号尾矿库。③

当这名工人和他的工头带着经理的指令回到山顶时已是9点。这时，尾矿库中的凹陷已达20英尺，情况变得更糟糕。起重机操作员格温弗·埃尔加·布朗（Gwynfor Elgar Brown）后来回忆起了当时令他难以置信且终生不会忘记的场面：

> 那些废渣开始向上涌，起初它们上涨得很慢，我还不敢肯定，我以为我肯定是看错了。然后它们开始迅速地往上涌，速度简直惊人。很快它们就涌出那个凹洞，并且变成一股洪流，是的，我只能把它们形容为洪流，然后它们就沿着山体而下……在浓雾中冲向艾伯凡村。④

在艾伯凡村中，有部分村民见证了黑色泥石流呼啸而下的过程。霍华

---

① 立方码（cubic yard）是英国、美国、加拿大盛行的一种计量单位，1 cubic yard = 764.554858 L。故而文中的297000 cubic yards 也就是 227,072,793升。
② Richard A. Couto. Economics, Experts, and Risk: Lessons from the Catastrophe at Aberfan[J]. Political Psychology, 1989, 10(2): 312.
③ Transcript of Tribunal of Inquiry Proceedings[Z]. interview with Leslie Davies, day 5: 265-268.
④ Transcript of Tribunal of Inquiry Proceedings[Z]. interview with Gwynfor Elgar Brown, day 7: 364.

德·里斯（Howard Rees），一名正沿着莫伊路朝学校走去的14岁高中生，看到一股巨大的泥石流冲毁旧铁路的路基朝他袭来，巨砾、树木、煤车、砖块等都混杂在这黑色泥浆里。他迅速跑开就此活了下来，不过他的3个伙伴当时正坐在泥石流行进途中的房子外墙上，霍华德眼睁睁地看着他们被泥浆吞没。[①]13岁的加雷斯·格罗夫斯（Gareth Gloves）则听到了一阵隆隆的响声。他先是看到一棵树和一根电话线杆倒向他，然后是黑色的巨大的泥石流。幸运的是，他成功地逃开了。[②]

尾矿库中溃溢出的泥石流完全湮没了潘特格拉斯小学的后半部分，而在泥石流继续向前奔涌时，有部分则涌入学校前半部分的几间教室并在教室里积聚成堆。位于此处的老师和学生亲身感受了泥石流的庞大威力，并努力展开自救。教师海蒂·威廉斯（Hetty Williams）在听到泥石流的声音时，误以为那是一架要撞向学校的喷气式飞机的声音，于是告诉学生赶快躲到桌子下面并且不要乱动。在经历犹如几年般漫长的几分钟的可怕寂静之后，这位老师打开教室门，方知学校后方和校园内被灰黑色的泥浆填满。这时她观察到仍有时间和空间可供她和学生从堆积的煤渣堆上爬出去，于是，她回到教室告诉学生要消防演习。她要求学生一个接一个安静地走出教室，等她打开学校的大门并发出指令，学生们也都听话地照做了。最终她和她的学生都成功地逃出了学校并得以幸存。[③]

这场灾难给孩子们留下了永难忘却的黑色记忆。小学生杰拉德·科尔曼（Gerald Kirwan）像这样回忆了灾难发生时的情景："当泥浆冲向我们时，我们被卷到教室的另一边。我肯定是昏过去了。听到救援人员敲击窗户的声音时，我醒了过来。然后我看到我的朋友。我永远不会忘记那一幕。血从他的鼻子里涌出来，我知道他肯定死了。每当我闭上眼睛，我仿

---

① Transcript of Tribunal of Inquiry Proceedings[Z]. interview with Howard Rees, day 3: 107.
② Transcript of Tribunal of Inquiry Proceedings[Z]. interview with Gareth Gloves, day 3: 110-111.
③ Iain McLean and Martin Johnes. Aberfan: Government and Disasters[M]. Cardiff: Welsh Academic Press, 2000: 5.

佛依然能看到他当时那张惨白的脸。"①另一名幸存下来的学生杰夫·爱德华兹（Jeff Edwards）曾被困在教室里长达一个半小时。一张桌子卡在了他的胃部，他的腿被压在散热器下，他听到了人们的呼叫声，但他却动弹不得，直到最后消防队员找到他。而他旁边的小女孩则不幸遇难，死去时头就靠在他的肩膀上。②灾难给这些幸存的儿童造成了永久的精神创伤，正如苏珊·罗伯逊（Susan Roberson）说的那样："我对那天永久的记忆是黑色和昏暗的。我被那可怕的泥浆吞没了，直到今天我仍然怕黑。"③

　　溃坝事故发生后，艾伯凡村幸存的居民与默瑟特德费尔自治市政府组织了积极的救援。尽管如此，当天上午11点后就再没有救出任何遇难人员。截至当晚11点半，共有67具遇难者的尸体得到辨认，并安置在小教堂中。④由于沉积在村中的煤渣堆体积庞大，搜救人员又花了一周多的时间才找到所有的遇难者尸体。一周后的10月27日，艾伯凡举行了隆重的集体葬礼。当天，艾伯凡村的所有商店关门，公共场所歇业，娱乐活动停止，以缅怀和追思遇难者。⑤

事故发生的原因

　　艾伯凡发生灾难性溃坝事故的消息很快就通过报纸和电视传到了英国各地。灾难造成144名居民，尤其是116名孩童的死亡，让人们尤为重视和关切灾难的具体情况。事故当天下午，菲利普亲王、首相哈罗德·威尔逊（Harold Wilson）以及威尔士国务大臣克莱德文·休斯（Cledwyn Hughes）均赶赴艾伯凡，表达他们对遇难者及其家属的关心，并指导救援工作的开展。

---

① Daily Mail[N]. 1996-10-05: 12.

② Daily Telegraph[N]. 1996-10-18: 10.

③ Daily Mail[N]. 1996-10-05: 13.

④ Transcript of Tribunal of Inquiry Proceedings[Z]. interview with T. K. Griffiths, day 3: 101-103.

⑤ Merthyr Express[N]. 1966-11-04: 5.

灾难发生后第五天，英国议会和威尔士国务大臣成立了艾伯凡灾难调查裁判所[①]（the Tribunal of Inquiry），任命威尔士备受尊敬的律师赫伯特·埃德蒙·戴维斯勋爵为负责人，以查清此次灾难事故的发生原因，明确谁应对灾难负责。

在调查开始前，戴维斯勋爵就指出此次调查最终应完成四项任务，即弄清楚灾难的破坏程度，弄清楚灾难为什么发生，进一步研究灾难是否可以避免，以及最终可以从此次灾难事件吸取的教训。这一调查共持续了76天，是英国迄当时为止持续时间最长的一次调查。调查共采访了136人，察看了300件物品，并听取了总计250万词的证言，终于在1967年8月3日公布报告结果。[②]该调查报告最终裁定艾伯凡灾难是可以预见并且可以避免的，指出："灾难是一例令人震惊的由国家煤炭局的愚笨领导导致的事故。它的发生缘于许多人承担他们并不能胜任的工作，且没有注意到明显的警告以及上级指导的完全缺失。"[③]此外，调查报告还具体点出6名管理默瑟韦尔煤矿的国家煤炭局官员对灾难的发生负有重要责任。

国家煤炭局管理存在的问题

七号尾矿库中原本存在一个天然山泉。受灾难发生前两天暴雨的影响，山泉水量上涨，且渗入尾矿库。在水的作用下，矸石山体内部有机物、高岭土逐渐变成液态的浆体，导致尾矿库中的废料在自重和外部荷载作用下发生滑坡。

1944年和1963年，默瑟韦尔煤矿的四号、七号尾矿库分别发生过一次溃坝事故。一名国家煤炭局工作人员在撰写相关备忘录时就曾提醒人们注

[①] 调查裁判所并不是一个行政机构，它是一种针对个案、根据议会的临时任命而设立的、具有政治性而非行政性的调查机制。参见张越. 英国行政法[M]. 北京：中国政法大学出版社，2004：547.

[②] 参见网站：http://www.nuffield.ox.ac.uk/politics/aberfan/tri.htm，[2012-05-04].

[③] Edmund Davies. Report of the Tribual appointed to inquire into the Disaster at Aberfan on October 21st 1966[R]. London: HMSO, 1967: 4.

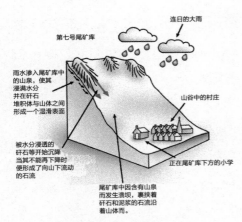

连日的大雨

第七号尾矿库

雨水渗入尾矿库中
的山泉，使其
浸满水分
并在矸石
堆积体与山体之间
形成一个湿滑表面

山谷中的村庄

被水分浸透的
矸石等开始沉降
当其不再下降时
便形成了向山下流动
的石流

尾矿库中因有山泉
而发生溃坝，裹挟着
矸石和泥浆的石流沿
着山体而。

正在尾矿库下方的小学

图8.3　尾矿库溃坝原理示意图

意山泉给尾矿库带来的危险。而他的前辈早在1939年就明确地指出："尾矿库永远不能建在有水的山泉上，不管这个山泉是常年有水的山泉还是会出现季节性水流的山泉。尾矿库也不应建在过于泥泞及进水的地表之上。"[1]很明显，七号尾矿库却没有遵循这一预防措施的指导，依然建立在山泉之上。管理默瑟韦尔煤矿的国家煤炭局及其工作人员是否清楚山泉的存在，他们是在对山泉的一无所知的情况下开始倾倒煤矸石，还是明知尾矿库中有山泉，仍然在那里堆积产煤废物？

　　国家煤炭局主席罗本斯在灾后第二天下午抵达艾伯凡，在接受采访时说国家煤炭局并不知道尾矿库中有天然山泉。[2]然而，一些艾伯凡村民立即反驳了这种对天然山泉一无所知的说法。"从我记事起，山泉就一直在那儿。"[3]一位尾矿库监工在接受BBC采访时说道。可以说，七号尾矿库中有山泉在艾伯凡村是个众所周知的事实。与此同时，默瑟山中的所有山泉早在1874年、1898年及1919年的地形测量图（the ordnance survey map）中都已标出，1959年的地质勘察图中也有标示，从这些图中可以明显看出七号尾矿库所在的山谷中有一个天然泉。而且，在那些地图中显示的位于

① Edmund Davies. Report of the Tribual appointed to inquire into the Disaster at Aberfan on October 21st 1966[R]. London: HMSO, 1967: 74-75.
② Iain McLean and Martin Johnes. Aberfan: Government and Disasters[M]. Cardiff: Welsh Academic Press, 2000: 27.
③ Iain McLean. On moles and the habits of birds: the unpolitics of Aberfan[J]. Twentieth Century British History, 1997, 8(3): 287.

第四和第五号尾矿库中的山泉，都曾在1966年前导致溃坝事故的发生。但国家煤炭局的工作人员却对这些明显的警告视而不见，对已有的教训掉以轻心。

另外，20世纪50年代，英国煤矿普遍采用了新的采煤技术和加工处理技术，这也导致了新的废弃物的产生。不同于以往的大块的煤矸石，新技术产生的采煤废物多是粉煤（fine coal），这是一种含有细颗粒煤和水的类似于流沙的物质。新的粉煤给尾矿库的堆积带来了新的问题。首先，国家煤炭局南威尔士地区的官员们都知道这种新型煤渣会带来过度蔓延、渗漏和水污染等问题。其次，国家煤炭局于1962年2月和1965年两次都在南威尔士地区下发了要求分开堆放煤矸石和粉煤的指令，因为在那两年中，威尔士的采煤区中含有粉煤的尾矿库发生了滑坡溃坝的事故，煤炭局的官员们调查后发现粉煤可能使尾矿库的不稳定性增加，故而要求分开堆放煤矸石和煤渣。[①]然而，这样一个指令却从来没有下发给默瑟韦尔煤矿——直到溃坝事故发生当天，粉煤仍然和煤矸石一起倾倒在七号尾矿库中。尽管国家煤炭局南威尔士地区的部分官员根据已发生的事故经验，认识到粉煤给尾矿库带来的风险，但是他们并没有同南威尔其他地区的工作人员交流共享这一认识，也没有将这些知识上报给伦敦总部。正是这种对安全的忽视造成了灾难的发生。

单一的煤炭经济的危害

在调查裁判所最终公布的调查报告中有这样一句被广泛引用的话："（调查中采访的）许多证人，包括那些睿智的、热切的想要帮助我们的证人，都没有注意发生在他们眼前的事情。那些危险没有进入他们的意识

---

① Richard A. Couto. Economics, Experts, and Risk: Lessons from the Catastrophe at Aberfan[J]. Political Psychology, 1989, 10(2): 316.

中。问他们问题，就如同向鼹鼠询问鸟的生活习惯。"①那么，为何这些睿智的人会漠视他们眼前的危险？

南威尔士山谷中的村庄在经济上基本仰赖煤矿的供给，这些村庄中大多没有替代性的经济产业。因而，煤矿能否正常运营，也就意味着山村里的居民能否过上温饱的生活。

1947年煤矿实行国有化运营，起初的几年中，煤炭行业效益尚可；而20世纪五六十年代对煤炭工业来说则是一个不景气的年代。1955—1965年10年的时间里，南威尔士地区的煤矿数量从163座减少到81座，矿工的数量也从103700名减少到64600名。②对艾伯凡的居民来说，煤矿的关闭让他们回想起20世纪30年代经济危机时难以度日的生活。因而，尽管民众对尾矿库的安全心存担忧，但如果他们的生命安全没有受到直接的威胁，大萧条时期留下来的恐怖记忆就使得他们更愿意忽略对安全的疑虑，以保持煤矿的运营。正如一名在灾难中失去了妻子和两个孩子的矿工比尔·伊万斯（Bill Evans）所表达的无助一样，"每天透过卧室的窗户，我都能看到尾矿库的体积在一点点的扩大，可我什么都不能做"③。艾伯凡的居民每天就生活在可见可感知的威胁之中，但是受制于经济影响，他们什么都不敢做，结果成为了单一的煤炭经济的受害者。

事故的影响

这场灾难共造成144名居民的死亡，不仅严重影响了艾伯凡社区的日常生活，而且这一惨痛的事故也给南威尔士乃至整个英国造成了深远的影响。

---

①②Edmund Davies. Report of the Tribual appointed to inquire into the Disaster at Aberfan on October 21st 1966[R]. London: HMSO, 1967: 11.

③Iain McLean and Martin Johnes. Aberfan: Government and Disasters[M]. Cardiff: Welsh Academic Press, 2000: 13.

对政府监管制度的冲击

"二战"结束后，英国工党政府积极推行煤炭国有化政策，设立国家煤炭局管理全国煤矿，取得了一定的成绩。特别是国家煤炭局对南威尔士、苏格兰等效益不好的产煤区一直有补贴，这些地方的矿工工资与诺丁汉等生产效益较高的地区的矿工工资相差不大，故而在20世纪60年代前，南威尔士的大多矿工都支持国有化。

然而，自1956年开始，由于受到伦敦烟雾事件、北海油田的开发等影响，煤炭价格不断下降，逐渐失去了市场竞争力，煤炭产量开始下降，国家煤炭局随之开始关闭部分效益低的煤矿。此举对传统采煤区——南威尔士地区带来了重大的影响。自1955—1965年10年的时间里，大量煤矿倒闭，许多矿工失业，人们丧失了对国家煤炭局的好感。

对南威尔士的许多人来说，艾伯凡灾难是不再对国家煤炭局抱有幻想的开端。早在艾伯凡灾难前，英国的煤炭行业中就已经发生过多起灾难性事故，如1913年造成439名矿工死亡的森根尼迪矿难和1934年造成265名矿工死亡的格雷斯福德矿难，[1]1947年煤矿收归国有之后仍时有矿难发生。对此，当地人都默默地承受着，毕竟采矿是一项具有较大风险的职业。在当时的物质条件下，矿工在选择这一职业的同时也接受了其生命经常处于危险境地的事实。

然而，发生在艾伯凡的灾难不一样。它带来了大量无辜孩童的死亡，这意味着当地矿工们未来的失去。灾难的发生缘起于国家煤炭局没能担负起它应有的职责，正如《金融时报》在1967年调查报告公布后不久发表的一篇文章所说："由艾伯凡灾难折射出英国国有化的一个缺点就是，当政府成为一个行业的所有者时，和这个行业由私人所有者相比，它不再那么关注公众的利益，不再那么关注公众安全以及工作场所的环境舒适与

---

① Iain McLean and Martin Johnes. Aberfan: Government and Disasters[M]. Cardiff: Welsh Academic Press, 2000: 85.

否。"①这场灾难使当地人的国有化梦想破灭。②他们对工党政府推行国有化政策的失望，可以从随后几年工党政府在南威尔士地区选举的失势上看出来。③

20世纪六七十年代，由于核能的利用，石油和天然气产量的增加，导致煤炭在能源消耗中的比重日趋下降，1967年煤炭在能源消耗中的比重为55%，1978年煤炭的比重下降到30%。1979年撒切尔夫人上台后，着手改造国有工业。管理煤炭工业的国家煤炭局亦于1985年被改为英国煤炭公司（British Coal Corporation），并于1994年实现私有化。

我们很难用量化指标来衡量艾伯凡灾难对煤炭国有化政策的影响，但是，这场灾难的确让人们认识到煤炭国有化在管理上的弊端。或许这也是除了生产效益外，另一个促使英国煤炭产业由国有化转为私有化的因素。

促进相关立法的完善

1967年调查裁判所的调查报告中指出了6名具体负责默瑟韦尔煤矿的国家煤炭局工作人员应对灾难的发生负责。然而，令人惊讶的是，除了调查报告对他们进行了谴责外，没有人被降薪、免职或起诉。尽管国家煤炭局主席罗本斯在调查报告公布后，迫于舆论压力，曾向议会提出辞职申请，但是，议会并没有批准。这一结果在当时引起了民众的不满，因为无人受到惩罚意味着没有人真正为艾伯凡灾难负责。

1967年10月26日，英国议会举行关于艾伯凡灾难的辩论会，以明确这一灾难责任人。一位名叫格纹佛·伊文思（Gwynfor Evans）的议员提到："如果一个司机开车时撞到了某人，或者撞死了某人时，那么法律可以将

---

① Financial Times[N]. 1967-08-14.

② Iain McLean and Martin Johnes. Aberfan: Government and Disasters[M]. Cardiff: Welsh Academic Press, 2000: 86.

③ 1966年工党在默瑟市的支持率为74.5%，1970年下降到51.9%，而同时，威尔士民族党的支持率则由1966年的4.3%上升到11.5%。数据源于：Iain McLean and Martin Johnes. Aberfan: Government and Disasters[M]. Cardiff: Welsh Academic Press, 2000: 69.

这个司机看作一个谋杀者。但是，如果这样的事情发生在一家企业的话，对该企业采取任何法律措施则是不可能的。"[1]那么，为什么当时对国家煤炭局和它的雇员采取法律措施是不可能的？

早在19世纪末，在英国的民法体系中，就已将企业看做一个独立的法人。它们要为雇员的民事侵权行为负责。然而这一点在刑法领域却没有完全采用。直到1944年，英国的刑法才开始基于等同原则（Identification Principle）追究由于企业的过失致人死亡的刑事责任。[2]然而，工党政府推行国有化之后，国家煤炭局的规模是如此庞大，决策过程是如此复杂，以至于无法明确艾伯凡灾难发生的高层责任人。尽管艾伯凡村中有人一直在搜集证据试图起诉国家煤炭局，但艾伯凡家长和居民联合会的律师戴斯蒙德·阿克纳（Desmond Ackner）却劝告艾伯凡居民放弃诉讼，因为任何针对国家煤炭局或其雇员的起诉都极不可能成功。[3]

在20世纪60年代的英国法律文化中，人们并不会将一个企业的管理失误看作是犯罪行为。事实上，对工作场所的健康和安全问题的忽视并不被认为是犯罪的行为要件。因而，公众眼中的艾伯凡事故并不是犯罪行为而仅仅是一场灾难。尽管灾难造成了144名居民死亡，但国家煤炭局却并没有为此承担刑事上的责任。

然而，自20世纪80年代开始，英国发生了多起导致重大伤亡的企业事故，如1987年导致31人死亡的欧洲船运公司沉船事故，1988年导致7人死亡、150多人受伤的克莱汉姆铁路公司列车脱轨事故。[4]因企业过失致

---

① Hansard. The Aberfan Diaster HC Deb 26 October 1967[Z/OL]. 1967, vol 751. [2012-05-04]. http://hansard. millbanksystems.com/commons/1967/oct/26/aberfan-disaster.

② 所谓等同原则，指将能够代表企业意志的高层管理人员的行为与心理等同于企业的行为与心理，如果这些职员在职责范围之内实施了违反刑法的行为，应该承担刑事责任，可以据之对企业本身予以刑事处罚。在这一原则之下，企业过失致人死亡罪，实质上指能够等同于企业的高级管理人员个人所实施的过失致人死亡罪。参见周振杰. 英美国家企业刑事责任论的最新进展[J]. 河北法学，2010（12）：171.

③ Iain McLean and Martin Johnes. Aberfan: Government and Disasters[M]. Cardiff: Welsh Academic Press, 2000: 42.

④ 周振杰. 英美国家企业刑事责任论的最新进展[J]. 河北法学，2010（12）：171.

人死亡的事故越来越多，也逐渐引起了强烈的社会反应。当时，严惩肇事企业的呼声传遍了英国朝野，许多学者、媒体在反思这些事故时，无一例外提到了1966年的艾伯凡灾难。在社会民众的呼吁要求之下，英国法律委员会自1994年开始探讨将企业作为刑事犯罪主体的可能性，最终于2007年通过《企业过失致人死亡罪法》（*Corporate Manslaughter and Corporate Homicide Act*）。

此外，1969年，议会通过了《煤矿和尾矿库法案》〔*The Mines and Quarries(tips) Act*〕。该法直接吸收了艾伯凡灾难的教训，对尾矿库的规划、运行、检查和监督作了专门的规定。[1]1974年议会又通过《职业安全健康法》（*Health and Safety at Work Act*），以保障人们在劳动中的安全、健康和福利，其中明确指出要防止"包括劳动者及以外的有关人员遭受伤害"。该法规定，在健康与安全执行局下设采矿安全监察员组织，以负责煤矿和尾矿库的安全监察，还规定矿山安全监察员可以随时进入矿山进行监察，且每年至少对其所负责的矿山监察一次，当他认为矿工的安全和健康受到威胁时，监察员可向矿长提出警告或是提出停产要求。至此，英国煤炭行业监管法律渐趋完善，监管职能日益明确。

灾难给当地景观造成的影响

1966年的艾伯凡灾难留下的最显而易见的影响就是煤炭行业在尾矿库管理问题的态度的转变。英国乃至其他国家的煤矿都开始评估其废物处理程序的安全状况，并开始监测煤尾矿库的稳定性。[2]这一灾难还触发了威尔士的土地复垦运动，1966年后，威尔士的许多尾矿库都被移除或被重新改造成园林。[3]

---

[1] 朱红. 尾矿坝失事的回顾[J]. 水利水电快报，2002（5）：7.

[2] Iain McLean and Martin Johnes. Aberfan: Government and Disasters[M]. Cardiff: Welsh Academic Press, 2000: 234.

[3] Richard A. Couto. Economics, Experts, and Risk: Lessons from the Catastrophe at Aberfan[J]. Political Psychology, 1989, 10(2): 322.

然而，作为这场运动的先驱，艾伯凡村在残留尾矿库的移除问题上和以罗本斯为首的国家煤炭局产生了激烈的冲突。

灾难过后，艾伯凡居民坚决要求移除尾矿库。威尔·奥布莱恩（Will John O'Brien）是一名具有50多年工龄的退休矿工，在1966年的灾难中失去了孙女。他对南威尔士充满热爱，且见多识广、经验丰富，被当地人推举为土地问题的专家。他代表艾伯凡居民给威尔士国务大臣的信中写道："那些仍然存在的尾矿库是艾伯凡居民挥之不去的噩梦。如果你从加的夫的任何一个角度看去，你都会看到南威尔士山谷中的那些尾矿库，这不断地让我们想起那天的灾难。因而我们要求残留的尾矿库必须完全、彻底的清除。"①

然而，国家煤炭局则坚持认为残留的尾矿库对村庄没有造成危害，而且声称没有足够的资金来移除尾矿库。②这些声明也得到调查裁判所的支持，最后公布的事故调查报告采纳了国家煤炭局关于残留的七号尾矿库的完全移除既不必要也不可行的说法。对此，艾伯凡居民表示完全不接受。他们坚持认为"国家煤炭局把尾矿库建在了山上，也应由国家煤炭局来把它们清除"。

于是，清除残留的尾矿库工作就像皮球一样被相关部门踢来踢去。国家煤炭局的上级领导机构能源部指出尾矿库的移除工作应由威地方政府负责，而威尔士地方政府一边指责能源部逃避责任一边又抱怨没有足够的财政预算来投入这项工作。政府机构的互相推诿惹怒了艾伯凡居民，既然写信、请愿等方式行不通，他们便决定诉诸行动。在和新任威尔士大臣乔治·托马斯（George Thomas）一次不成功的会面后，他们将大量的尾矿

---

① Richard A. Couto. Economics, Experts, and Risk: Lessons from the Catastrophe at Aberfan[J]. Political Psychology, 1989, 10(2): 317.

② 国家煤炭局向财政部提交了一个报告，报告中详述了6种不同的移除尾矿库的方法，花费在114万英镑到340万英镑之间。参看：Iain McLean and Martin Johnes. Aberfan: Government and Disasters[M]. Cardiff: Welsh Academic Press, 2000: 38.

废渣倾倒在威尔士政府办公区内，并且划破了能源大臣迪克·马什（Dick Marsh）座驾的轮胎。[1]随后，艾伯凡尾矿库的移除问题才真正得到威尔士国务大臣及首相的重视。最终政府各部门与艾伯凡居民之间达成协议，国家煤炭局出资35万英镑，灾难救援基金出资15万英镑，剩下的花费由国库承担以完成尾矿库的移除工作。

1968年底，残留在艾伯凡村上方的尾矿库终被彻底移除。当地居民随即开始在尾矿库旧址上植绿种草。受此次事故的影响，南威尔士地区其他的尾矿库也都被清除，或者被美化。

尾矿库是人类利用自然进行堆积填埋工作的场所，而当人们的堆积过多，给予自然的压力过大时，事故可能就会发生。1966年发生在艾伯凡的溃坝事故可以被看作是自然对人类无节制的堆积行为的反击，也是对无休止的煤炭开采的警醒。灾难过后，人们除了更加关注自身的安全，修订法律确保工作环境的安全外，也开始反思之前对环境安全的忽视。他们逐渐意识到尾矿库对整体环境的影响，并逐渐追求经济发展与自然环境的和谐。

20世纪70年代，威尔士地方政府打算在加的夫和默瑟特德费尔市之间修建一条高速公路，这条编号为A470的公路原本计划从艾伯凡村上方的山中尾矿库旧址中穿过。然而，经历了沉痛灾难后的当地居民不希望村中再出现任何可能导致危险的公共设施，遂强烈抗议这项方案。与此同时，鉴于此前尾矿库移除问题上出现的政府各部门之间"踢皮球"的现象，当地人组织起来选出自己专家和代表，提出了替代性的修建方案，将公路建在村子旁边，不再穿山而过。这一方案最终也得到了政府的同意。

高速公路是经济发展的象征，建设高速公路则需要对原有生态景观造成破坏。它的逻辑可以如此理解：以发展经济的名义，人们可以堂而皇之

---

① Iain McLean and Martin Johnes. Aberfan: Government and Disasters[M]. Cardiff: Welsh Academic Press, 2000: 37.

地要求环境为其做出牺牲。然而，艾伯凡居民站在捍卫安全和环境的立场上，组织起来修改了施工方案——实际上，这是1966年灾难过后，人与自然和谐相处之认识不断深化的体现。

今日的艾伯凡，举头皆青山，低目尽幽谷。当你从布里斯托湾北上，在威尔士南部的山谷中行驶，沿途是一片片绿色的牧场，洁白的羊群和黑白黄间杂的牛群在蓝天白云下悠闲地踱步、吃草的场景。

9 小火灾大事件
——美国凯霍加河大火

图9.1 凯霍加河和克里夫兰市

2010年4月21日，值地球日（Earth Day）40周年之际，美国总统奥巴马发布公告，呼吁全美行动起来，积极参与环境保护活动。奥巴马简要回顾了地球日诞生之初的历史，尤其提到了1969年那场发生在俄亥俄州克里夫兰市凯霍加河①上的大火。那么，奥巴马为什么要提到这场火灾？这场火灾到底有何特殊之处？它与地球日又存在怎样的联系呢？

凯霍加河：一条会燃烧的河流

1969年6月22日中午11点56分，漂浮着油料和废弃物的凯霍加河在流经克里夫兰市东南部的闹市区时，被铁路桥上疾驰的火车飞溅出的火花引燃。熊熊火焰一度高达5层楼。由于消防人员及时行动，大火在20分钟后得到控制。大火点燃了东南部坎贝尔路（Campell Road）山脚下的两座木制铁路桥，给两座铁路桥造成不同程度的损毁。其中一座被损毁的部分价值大约45000美元，并且被迫关闭了双向轨道；另一座单轨铁路桥虽然仍然开放，但火灾烧毁了铁路道岔的横木，损失为5000美元。②

1969年大火并不是凯霍加河第一次发生的火灾。早在1868年，凯霍加河的火灾就已见诸报端。当年8月29日，塞内卡街（Seneca Street）附近的凯霍加河段，漂浮的废油引燃了周围的大片地区，几乎烧毁河流东岸密集的工业地带。③1868—1969年间，在凯霍加河上发生了至少10次足以引起当地报纸注意的火灾。④1883年2月3日上午，位于凯霍加河支流金斯伯里河畔（Kingsbury Run）的炼油厂发生石油泄漏并引起火灾。大火顺流直下，借助近日暴涨的河水深入内地，导致标准石油公司（Standard Oil

---

① 凯霍加河发源于俄亥俄州东北部，向南流经波蒂奇县（Portage County）和萨米特县（Summit County），在阿克伦市（Akron）附近转而向北，最终在克里夫兰市注入伊利湖。

② 不详. Oil Slick Fire Damages 2 River Spans[N]. Cleveland Plain Dealer, 1969-06-23(11-C).

③ John Stark Bellamy. Cleveland's Greatest Disasters!: 16 Tragic True Tales of Death and Destruction[M]. Cleveland: Gray & Company, Publishers, 2009: 116.

④ 乔纳森·阿德勒在《凯霍加的传说：重构环境保护的历史》和大卫·斯特拉德林、理查德·斯特拉德林的《认识燃烧的河：非工业化和克利夫兰的凯霍加河》对凯霍加河的历次火灾都有梳理。前者梳理出凯霍加河在1969年之前共发生了10次火灾，分别发生在1868、1883、1887、1912、1922、1930、1936、1941、1948、1952年，但对每次火灾的叙述较为简略。后者则重点梳理了发生在1868、1883、1912、1921、1936、1948、1952年的7次火灾。参见Jonathan H. Adler. Fables of the Cuyahoga: Reconstructing a History of Environmental Protection[J]. Fordham Environmental Law Journal, 2002(14)Vol: 89-146; David Stradling, Richard Stradling. Perceptions of the Burning River: Deindustrialization and Cleveland's Cuyahoga River[J]. Environmental History, 2008, 13(3): 515-535.

Company）储存300桶石油的油罐发生爆炸，烧毁了周边地区的厂房与10万桶石油，造成不低于25万美元的经济损失。[①]

进入20世纪，1912年5月1日的大火再次引起了全美的关注。是日，一艘标准石油公司的驳船向一个油罐输送石油时发生泄漏，引起爆炸。迅速蔓延的大火很快便引燃了驳船之外的其他五艘船只，造成五名工人的死亡和诸多船坞的损毁，所有损失约45万美元。[②]

20世纪凯霍加河火灾发生间隔的时间似乎比19世纪末更短。1922年，在1912年火灾地点附近，凯霍加河再次着火。[③]仅仅八年之后，该河又一次燃烧起来。1930年4月2日，不慎泄漏的汽油和酒精在河面形成一层薄膜，被闷烧的废弃物点燃，进而导致火灾发生。尽管这次火灾没有造成严重的经济损失，但燃烧所产生的烟雾笼罩了城市的中心地区。[④]1936年2月，凯霍加河由于废油被点燃而发生火灾。巨大的黑色烟柱冲向天空，大火燃烧了整整5天。火势蔓延到伊利铁路桥，导致铁路交通中断，造成约1万美元的损失。[⑤]

到了40年代，又有两场火灾发生在凯霍加河上。1941年3月，凯霍加河由于河面石油被引燃而发生火灾。1948年2月7日晚，凯霍加河烽烟再起。大火烧毁了向布鲁克林输电的电缆，造成西岸1.2万户居民陷入黑暗。克拉克大道桥（Clark Avenue Bridge）发生变形，交通被迫中断。火灾造成的经

---

① 不详. A Great Oil Fire, the Burning Fluid Carried by a Flood into the Midst of Refineries[N/OL]. New York Times, 1883-02-04[2012-04-10]. http://query.nytimes.com/mem/archive-free/pdf?res=FB0C12F63D5511738DDDAD0894DA405B8384F0D3.

② 不详. Oil Barge Explodes, 5 Death: Six Boats Destroyed at Cleveland with Loss of $450,000[N/OL]. New York Times, 1912-05-02[2012-04-10]. http://query.nytimes.com/mem/archive-free/pdf?res=F40E15FC3E5813738DDDAB0894DD405B828DF1D3.

③ Jonathan H. Adler. Fables of the Cuyahoga: Reconstructing a History of Environmental Protection[J]. Fordham Environmental Law Journal, 2002(14)Vol: 101.

④ John Stark Bellamy. Cleveland's Greatest Disasters!: 16 Tragic True Tales of Death and Destruction[M]. Cleveland: Gray & Company, Publishers, 2009: 116.

⑤ David D. Van Tassel, John J. Grabowski ed. The Encyclopedia of Cleveland History[M]. Indiana University Press, 1996: 338; 不详. Damage is $10,000 as Firemen Battle Oil Blaze on River[N/OL]. Cleveland Plain Dealer, 1936-02-08(22)[2012-04-10]. http://imgcache.newsbank.com/cache/arhb/fullsize/pl_012202011_0152_25532_846.pdf.

图9.2　烟尘笼罩下的克拉克大道桥

济损失达10万美元左右。[①]1952年的火灾是凯霍加河火灾史上经济损失最为严重的一次。11月1日下午，大湖拖船公司船坞附近的凯霍加河被点燃。火势凶猛，烧毁了3艘拖船和大湖拖船公司的船坞，损坏了杰斐逊大道桥，并几近烧毁标准石油公司的炼油厂，总损失在50万～150万美元。防火专家在火灾之后指出，凯霍加河河面上漂浮着几乎有6英寸厚的油污。

---

① 不详. River Oil Fire Perils Clark Bridge[N/OL]. Cleveland Plain Dealer, 1948-02-08[2012-04-10]. http://imgcache. newsbank.com/cache/arhb/fullsize/pl_012192011_2140_45581_156.pdf.

克里夫兰的城市发展与凯霍加河的污染

成长于凯霍加河畔的克里夫兰市

水火本不相容。凯霍加河上漂浮的油料与废弃物竟能使河流轻易地被引燃，正是其污染程度的生动写照。而凯霍加河遭受的污染，又与这条河在克里夫兰市发展历程中所占有的重要地位密不可分。

1796年7月22日，康涅狄格地产公司（Connecticut Land Company）摩西·克里夫兰（Moses Cleveland）率领的西部调查队，来到凯霍加河河口。虽然此时的河口地带还是一片荒凉的沙洲，但远见卓识的克里夫兰却认识到这一地区所具有优越地理位置和巨大商业潜力，[①]将凯霍加河浅滩（Cuyahoga Flats）建立为定居点。为了向克里夫兰的贡献表示敬意，调查队的成员们将这一地区命名为克里夫兰。[②]

19世纪初期俄亥俄—伊利运河的开通，让克里夫兰成为俄亥俄州与东部城市的水路交通网络中重要的转运站。依托于凯霍加河与运河便利的通航条件，克里夫兰从一个小村庄发展成重要的商业中心。19世纪中期，随着苏必利尔湖铁矿的发现和通往下游湖泊的苏圣玛丽运河的开辟，克里夫兰成为五大湖地区最重要的港口。同时，依傍着刚刚竣工的亚特兰大—大西洋铁路，克里夫兰进一步扩大了其地理优势。大量的原材料被运进克里夫兰市或经过此地，使这里的企业如雨后春笋般兴起。到19世纪末，克里夫兰市的制造业、航运业和零售业成为全国之翘楚。进入20世纪，克里夫兰市的电力、汽车等新兴工业发展迅速。克里夫兰市已经发展成为名副其实的工业化大都市。

在克里夫兰市工业化的过程中，凯霍加河浅滩地区因为同时覆盖有水

---

① 通过凯霍加河和马斯金格姆河（Muskingum River），可以用水路将伊利湖与俄亥俄河沟通，而且在陆地的转运距离不超过4英里。

② Robert Anthony Wheeler. Visions of the Western Reserve: Public and Private Documents of Northeastern Ohio, 1750-1860[M]. Ohio State University Press, 2000: 53.

路和陆路运输终端的设施，成为了工业企业理想的工厂设置地点。自19世纪中期起，这一地区开始分布机车库、仓库、油罐、贮木场和工厂，成为克里夫兰市的工业密集区。这一功能分区一直延续到20世纪。

凯霍加河的污染

凯霍加河对克里夫兰的经济发展起到了至关重要的作用。值克里夫兰走向繁荣之际，凯霍加河的污染问题也随之出现。在工业化的过程中，两岸密布工厂的凯霍加河成为工厂和生活污水的天然排污池，各类废弃物和下水管道径流未经处理便直接排入凯霍加河。重工业给河流带来重金属污染，使用河水作为冷却水的钢铁制造业也给运河航道带来热污染[1]……其中，起步于19世纪60年代的石油工业及其造成的问题值得一书。

19世纪中后期，克里夫兰得地利之便，成为石油工业兴起以来绝佳的炼油中心。1865年，克里夫兰市共有30家炼油厂，总资本愈150万美元，日产油2000桶。一年之后，贸易委员会（Board of Trade）报告的炼油厂数量就增加到50家。到1869年，克里夫兰市的炼油业就已经超过了所有竞争者，取得了领先位置。[2]让克里夫兰市全面进入"石油时代"的是约翰·洛克菲勒创立的标准石油公司。洛克菲勒在经营过程中买断了那些小的竞争对手，逐渐建立起全国性的跨州的标准石油帝国。1870年，他将标准石油公司的总部设在了克里夫兰市，使之成为美国的"油都"。石油工业的大繁荣让整个城市都充斥和浸透着石油的气息：隆隆作响的油缸车在城市的大街小巷中穿梭，一列列油罐车在铁路沿线飞驰，煤油灯取代了火光微弱、闪烁摇曳的蜡烛和鲸油灯。

鉴于石油的高度易燃性以及由此产生的接连不断的火灾险情，政府禁止在克里夫兰市区范围内建立炼油厂，于是，大大小小的炼油厂便沿着凯

---

[1] 即废热水排入地面水体之后，使水温升高，造成水中溶解氧减少，鱼类与水生植物死亡率上升。
[2] Ida M. Tarbell. The History of the Standard Oil Company (volumes I)[M]. S. S. McClure. Co, 1904: 38-39.

霍加河及其支流金斯伯里河一带建立起来。在汽车问世之前，原油中那部分比重较轻的部分，即汽油，并不为人们所熟知。很多炼油工人都把汽油视作废料，将它们倒进河里。洛克菲勒曾回忆说："人们不断设法把它处理掉，成百万桶汽油顺着大河小溪流了出去，连土壤都浸满了。"[1]凯霍加河就这样被油污所覆盖，致使假如蒸汽船上的水手将燃烧着的煤块扔到河里，水面上就会腾起一片火苗。

通航是凯霍加河又一重要功能。为了确保克里夫兰市水路的通达性和通航安全，美国陆军工程师兵团（U. S. Army Corp of Engineers）[2]在凯霍加河的河口地区设立克里夫兰港，进行人工港口的建设，并将凯霍加河河口以上5.1英里的水道开辟为运河航道。运河航道通航条件优良，两岸汇集了克里夫兰市大部分重化工业。共和国钢铁公司（Republic Iron and Steel Company）、琼斯与拉夫林钢铁公司（Jones & Laughlin Steel Company）、杜邦公司（DuPont）和标准石油公司等大型垄断企业都将工厂布局于此地，使该段的凯霍加河比上游河段接受了更多的污染物。同时，由于工程师兵团每年都要对运河段进行疏浚，凯霍加河从运河段开始的深度增加，流速降低，各类沉淀物和污染物更易于在水面富集，导致运河段成为了整个凯霍加河污染最为严重的区域。一位联邦水污染控制部门（Federal Water Pollution Control Administration）的官员指出，穿越克里夫兰地区的凯霍加河下游段和运河段是一个垃圾处理池，河流时常被废弃物、废油、泡沫和漂浮着的一团团有机污泥所阻塞。[3]

除了工业企业向河流倾倒工业废弃物，城市下水道向河流排放生活污

---

① 荣·切尔诺. 工商巨子：洛克菲勒传[M]. 王恩冕，等，译. 海口：海南出版社，2006：143.

② 永久性的美国工程师兵团成立于1802年，其主要任务是在和平时期提供关键的公共工程服务和战争时期加强国家安全。航运是工程师兵团最早民间任务之一。出于商业活动、国防和休息娱乐的需求，兵团需保证水路运输系统（运河、港口、水道等）的安全、可靠、有效和环境的可持续。

③ Arnold W. Reitz, Waste. Water and Wishful Thinking: The Battle of Lake Erie[J]. Case Western Reserve Law Review, 1968, 20(5): 7.

水外，克里夫兰市政府缺乏对凯霍加河的有效管理也是凯霍加河遭受严重污染的原因。自19世纪60年代起，出于对凯霍加河水质的担心，克里夫兰市不得不重新考虑饮用水的供应。但在工业化早期，人们最关心的问题是经济，没有意识到河流污染

图9.3　污水流入凯霍加河

带来的危害，甚至宁可牺牲河流来推动经济发展。因此，面对凯霍加河和伊利湖的水质污染，人们将城市的蓄水池越建越远，直至伊利湖，而不是禁止企业向河流中倾倒废油和其他废弃物。1861年3月5日，《克里夫兰领导者报》上的一篇评论代表了当时对待污染的一种典型态度。评论指出，"克里夫兰市如果因为轧钢厂排放烟雾就对其提出指控，因为煤炭加工业生产出难闻的气体就禁止它们，那将会遭到其他姐妹城市的耻笑。"[①]正如1881年克里夫兰市市长伦塞利尔（Rensselaer）所说，凯霍加河就是"城市中心开放的污水池"。[②]由于这种思想作祟，凯霍加河的水质在19世纪70年代就已经成为一个严重的问题，其河面上漂浮的油污则是影响水质和造成水体火灾的重要因素。

到1969年火灾发生前，克里夫兰市当局已经意识到凯霍加河污染带来的不良影响，并且着手进行一些清理工作。1963年克里夫兰市成立了凯霍加河流域水质委员会（Cuyahoga River Basin Water Quality Committee），开始水质监督项目。之后克里夫兰市还雇用了一艘私人的清污船来清除河

---

① Edmund H. Chapman. City Planning under Industrialization: The Case of Cleveland[J]. Journal of the Society of Architectural Historians, 1953, 12(2): 24.

② David D. Van Tassel, John J. Grabowski ed. The Encyclopedia of Cleveland History[M]. Indiana University Press, 1996: 338.

面上的废弃物。1968年11月，克里夫兰市又批准了1亿美元公债用于资助河流的清理和保护，包括改善排污系统、控制溢流的雨水和优化港口设备与废弃物清除等。[①]

尽管克里夫兰市当局的这些努力取得了一定的成绩，但出于管理权限的不明确，其效果大打折扣。由于利益集团的反对，州政府及联邦政府相应资金支持的缺乏，债券的发行被迫延迟。以往来说，对水污染进行控制和管理一般都被认为是地方政府的职责。联邦政府在水污染治理问题上处于次要地位。同时，1951年，俄亥俄州立法机关颁布了关于控制水污染的法律，创设了一个水污染控制委员会（Water Pollution Control Board）。根据法律规定，在没有委员会许可的情况下向全州范围内的水域排放有害物质将被视为违法。虽然有委员会对排污进行控制，但这种控制的效力却有限。因为凯霍加河沿岸的大型工业企业都获得了委员会的许可，可以合法地向凯霍加河中排污。工厂的排污是凯霍加河重要的污染源，而克里夫兰市地方当局因为这些企业拥有州政府的许可，对这些企业没有管辖权，无法对水污染控制起到实质的作用。至1968年，凯霍加河沿岸允许向河里排放污水的工厂共有22家，其中包括13座钢铁厂、6家化工厂、2座造纸厂和1家蒸汽电站。[②]

由于油污和各类废弃物长期在河面聚集，凯霍加河随时都处在被引燃的危险中。据一位专门从事河面垃圾清理业务的公司所有者回忆，这条河中的污染非常普遍，以至于只有出现石油泄漏或是工业排污超过2000加仑时才值得派遣员工干活。按照他们的工作量，一天工作16个小时，他们就能挑拣出100立方码（约83.6平方米）的废弃物和15000加仑的废油；如果发生石油泄漏，他们就需要工作4~5天。河面上的污染物很多，从屠宰场

---

① Note 43 in Jonathan H. Adler. Fables of the Cuyahoga: Reconstructing a History of Environmental Protection[J]. Fordham Environmental Law Journal, 2002(14)Vol:109.

② Note 43 in Jonathan H. Adler. Fables of the Cuyahoga: Reconstructing a History of Environmental Protection[J]. Fordham Environmental Law Journal, 2002(14)Vol:100.

和动物油炼制厂的油脂到用于炼钢或印染的酸类物质，还有许多来自整个克里夫兰—亚克朗地区的未经处理或半处理过的废水。①

1969年火灾发生前的一张照片或许能让人们对凯霍加河的污染状况产生更直观的感受（见图9.4）。昔日《克里夫兰诚实商人

图9.4　《克里夫兰诚实商人报》记者理查德·埃勒斯将手伸进凯霍加河后拍摄的照片

报》的记者理查德·埃勒斯（Richard Ellers）回忆道："回到60年代……我记得可以看到水面有一层渣滓，但我从没想到河里的油污有那么的厚，直到我们的摄影师马尔夫·格林（Marv Greene）对我说：'理查德，把你的手放进水里，再拿出来。'"理查德照此做了，于是，出现了那只照片中完全被黑色油污包裹的手。从这张照片中可以清晰地看到，河面被黏腻的油污覆盖着，其上还漂浮着各类废弃物。②可以说，被厚厚的油污和各种废弃物覆盖已经成为凯霍加河的常态，这样的一条河流不时会被燃烧也就不足为奇了。

① Note 43 in Jonathan H. Adler. Fables of the Cuyahoga: Reconstructing a History of Environmental Protection[J]. Fordham Environmental Law Journal, 2002(14)Vol:100.

② Michael Scott, Cuyahoga River fire 40 years ago ignited an ongoing cleanup campaign, Cleveland plain Dealer, Jun.22, 2009,(http://www.cleveland.com/science/index.ssf/2009/06/cuyahoga_river_fire_40_years_a.html, 最后登录时间2012-04-10).

1969年大火之后各界的反应

市政当局不同以往的反应

或许正是因为凯霍加河的火灾这样频繁，所以当1969年凯霍加河再次发生火灾时，人们并不感到十分意外。在火灾发生的第二天，当地的《克里夫兰诚实商人报》对此事进行了简要的报道。尽管《克里夫兰诚实商人报》虽然将事件的新闻标题放在了报纸的头版，但具体的报道却是埋藏在报纸C版，而且只用了很少的文字对火灾的情况和造成的损失进行了介绍。

尽管当地报纸并未对此次大火予以过多的关注，克里夫兰市政府很快便做出了较为激烈的反应，不仅积极调查火灾发生的原因，而且与州政府就凯霍加河污染的责任归属问题发生争执。火灾发生的第二天，克里夫兰市市长卡尔·斯托克斯（Carl Stokes）携公用事业主管本·斯特凡斯基（Ben Stefanski）亲临火灾发生地召开新闻发布会，向记者们宣布了他的计划：向水污染宣战！斯托克斯称，他将向州政府提出抗议，以争取克里夫兰市政府对凯霍加河上废弃物倾倒问题的管辖权。[1]斯托克斯的抗议开启了克里夫兰市政当局与州政府在凯霍加河污染问题上的争论。

6月25日，州政府派出工程师到现场调查火灾发生的原因。[2]10天后，俄亥俄州卫生部门得出结论：凯霍加河上漂浮的油污主要来自克里夫兰的城市下水道——汽车在街道和加油站滴下的含油污物被雨水冲进雨水管；来自家庭、商业和工业的含油废弃物及排放物进入污水管道。因此，造成凯霍加河水质油腻的罪魁祸首应是克里夫兰市落后的污染控制项目。据此，州政府甚至以冻结所有新项目建设威胁克里夫兰市，要求其抓紧治理

① 不详. City Investigating Cause of River Fire[N/OL]. Cleveland Plain Dealer, 1969-06-24[2012-04-10]. http://imgcache. newsbank.com/cache/arhb/fullsize/pl_012202011_0254_24829_177.pdf.

② 不详. State Engineers Prowl River for Fire Source[N/OL]. Cleveland Plain Dealer, 1969-06-25[2012-04-10]. http:// imgcache.newsbank.com/cache/arhb/fullsize/pl_012202011_0315_18973_978.pdf.

污染。①克里夫兰市对州卫生部门做出的结论感到愤怒。克里夫兰市的清洁水特别小组（Clean Water Task Force）负责人马丁博士（Dr. Martin）指出，引发凯霍加河火灾的物质乃是具有高度挥发性的材料，而不是城市下水道中所发现的那种油污。马丁博士还透露，克里夫兰市所有关于加强污水处理的活动都有赖于来自州或联邦政府的资金支持，但当地从未得到过来自任何一方的资金支持。因此，在州卫生部门的答复显得"漠不关心"的情况下，他强烈要求州长再仔细审读斯托克斯市长的抗议。②

《时代周刊》的报道

如果说克里夫兰市当局与州政府关于凯霍加河火灾与污染问题的争论还只停留在地方层面，那么1969年8月《时代周刊》的一篇报道却让此次大火成为受到全国关注的事件。

《时代周刊》的报道语言非常尖锐。文章的作者直言："在美国有大量的河流处于严重污染的状态……其中，80英里长的凯霍加河污染得最严重。"作者以比喻的方式向读者描绘了克里夫兰市和凯霍加河糟糕的状况："某条河！泛着巧克力般的棕色，布满了油污，水下的气体冒着泡泡，它不流动，而是缓慢渗透……联邦水污染控制管理局只是冷冰冰地写道：'凯霍加河下游没有可见的生命，甚至连低级的生命形式，如通常在污水中繁盛的水蛭和污泥蠕虫都没有。'"作者还引用了当地人的一个笑话来讽刺凯霍加河的水质，说"任何人掉进凯霍加河，他不会被淹死，而会被腐蚀。"③

和以往的火灾报道不同，这篇报道摒弃了以往以火灾损失作为新闻

---

① 不详. Oil in River is Blamed on City, The Plain Dealer[N/OL]. 1969-07-08[2010-10-22]. http://csudigitalhumanities. org/exhibits/items/show/1390.

② 不详. City Water Expert Disputes State Official over River Fire[N/OL]. Cleveland Plain Dealer, 1969-07-08[2012-04-10]. http://imgcache.newsbank.com/cache/arhb/fullsize/pl_012202011_0247_06212_150.pdf.

③ 不详. The Cities: The Price of Optimism[J]. Times, 1969-08-01.

图9.5　1952年凯霍加河大火

标题的惯例，而是标出了"城市：乐观主义的代价"（The Cities: The Price of Optimism）这样一个反思色彩明晰的题目。文中对于此次火灾并没有进行过多的描述，甚至都没有关注火灾所造成的损失，而是将关注的重点放在了环境污染的问题上。它写道："上个月，每天都有25000000吨未经处理的污水从破裂的管道中涌出，形成灰绿色的洪流，倾泻到凯霍加河，进而到伊利湖。"①尽管克里夫兰市已经开始采取措施改善河流污染状况，并且取得了一定的成效，但是该文作者指出，水污染是没有政治边界的。克里夫兰市的凯霍加河河段可以被清理干净，但只要其他的城市继续向河里倾倒废弃物，情况还会和现在一样。

　　不知是有意还是无心，《时代周刊》的这篇报道所配的火灾图正是1952年那场极其严重的火灾照片。这张照片浓烟滚滚，的确抓住了读者的注意力。它用一种最为直观的方式向读者传达了这样一个信息：这条河的污染已达到了如此严重的程度，以至于这么轻易、这么突然地起火。这篇文章及其配图首次让凯霍加河大火在全国范围内为人们所知。后来，美国家喻户晓的电视主持人乔尼·卡逊（Johnny Carson）在脱口秀节目"今夜秀"（The Tonight Show）中又多次拿这场火灾和克里夫兰市作为他一连串妙语的笑柄。②报纸和电视媒体的宣传让凯霍加河大火受到了全国的关

---

① 不详. The Cities: The Price of Optimism[J]. Time, 1969-08-01.

② Les Roberts. We'll Always Have Cleveland[M]. Cleveland: Gray & Company Publisher, 2006: 6; Michael Scott. After the flames: The story behind the 1969 Cuyahoga River fire and its recovery[N]. Cleveland Plain Dealer, 2009-01-04.

注，克里夫兰也和河流污染、有火灾危险的河流等词联系在一起，成为人们心中环境问题最为严重的城市之一。

凯霍加河的火灾演化成一件令全国轰动的事件。这让联邦政府官员认识到，凯霍加河的这种状况会招致人们的不满。所以，在火灾受到全国媒体关注后，一向不太干预地方污染控制工作的联邦政府开始采取行动。1969年8月，美国内政部（U.S. Department of the Interior）首次援引1965年的《水质法》，以起诉相威胁，要求6家工业公司清除它们的污染，其中包括在凯霍加河河岸设立钢铁厂的共和国钢铁公司和琼斯—拉夫林钢铁公司。[1]

1969年大火造成的影响

促成了"地球日"的设立

凯霍加河大火以有形而生动的画面深入人心，引发了人们对水污染的危机感。它逐渐被公众视为美国环境恶化的标志性事件之一，进一步激发了公众对环境污染的抗议以及对联邦政府在水污染管理上的不满。它像催化剂一样，刺激和加速了大规模群众抗议活动的到来，将公众对于环境污染的不满情绪和对环境保护的热情推向了高潮。

"地球日"的发起者，民主党参议员盖洛德·纳尔逊（Gaylord Nelson）长期以来致力于将环境问题提到政治议程上。就在他萌生出通过组织一场大型草根活动来抗议环境变化的想法后不久，1969年凯霍加河火灾发生了，这为他实现自己的目标提供了契机。

图9.6　盖洛德·纳尔逊

[1] Jonathan H. Adler. Fables of the Cuyahoga: Reconstructing a History of Environmental Protection[J]. Fordham Environmental Law Journal, 2002(14)Vol: 136.

他在回忆录中写道："凯霍加河——泛着浮油，满是垃圾——着火了，高高的火焰冲向克里夫兰市的天空。……这次事件凸显了国家的环境问题，震惊了公众，在此后的几个月中为'地球日'铺平了道路。"1969年9月20日，纳尔逊在西雅图的一次会议上公开提出了"地球日"的设想：全国各大学将在1970年春季的同一天开展有关"环境危机"的专题讨论会（teach-in）。[①]

活动的时间最后确定为1970年4月22日。是日，全美范围内估计有超过两千万人参与到这项活动中，参与人员包括1万多所中小学校和2000多所高校的学生以及其他行业人员。[②]当天，纳尔逊先后在印地安纳大学、丹佛市、加州大学伯克利分校发表演说，直到次日才在南加州大学完成巡讲。他在演讲中明确地指出："我们每年为越战花费数十亿美元，而不将这些钱花在环境退化、拥挤又被污染的都市地区，致使数以百万的人困于其中。环境问题因此而成为一个长期存在的问题。"他认为，基于美国当下的经济发展方式，应该制定出新的国家政策，以破除人们对空气、水、土地等资源滥用的习惯。[③]

除了纳尔逊，其他热衷环保事业的政治人物也积极参与"地球日"活动。参议员埃德蒙·马斯基（Edmund Muskie）在20世纪60年代一直努力使污染控制成为突出的国家议题。在"地球日"的前一天和"地球日"当天，他分别在哈佛大学和费城的集会现场发表了演说，批评美国政府在财政上忽视环境问题："我们在越战上的花费是水污染控制费用的二十多倍；在超音速飞机上的花费是空气污染控制费用的两倍；在武器研究和

① Gaylord Nelson, Susan Campbell, Paul R. Wozniak. Beyond the Earth Day: Fulfilling the Promise[M]. University of Wisconsin Press, 2002: 5-9.

② Paul Charles Milazzo. Unlikely Environmentalists: Congress and Clean Water, 1945-1972[M]. University Press of Kansas, 2006: 147.

③ Gaylord Nelson. Partial Text for Senator Gaylord Nelson[Z/OL] Denver, Colorado, 1970-04-22[2012-04-10]. http://content.wisconsinhistory.org/cdm4/document.php?CISOROOT=/tp&CISOPTR=29697&CISOSHOW=29642.

发展上的花费是我们为住房支出的七倍。"①在他看来，凯霍加河大火是美国所面临的环境危机的标志之一。他在题为《完整的社会》（A Whole Society）的演讲中这样说道："这些是我们面对的各个方面的危机：美国主要的河流没有一条还保持着洁净，有的甚至存在火灾险情；美国的湖泊没有哪个没有污染，有的已经死亡；没有哪个美国城市敢夸耀自己清洁的空气，纽约人每天相当于在不抽烟的情况下要吸入一包的烟……"马斯基呼吁整个国家做出改变，制定更为有效和公正的法律，付出更多的资金并且更好地使用这些资金。②

作为火灾发生地的克里夫兰市当天也举行了声势浩大的活动。1000名克里夫兰州立大学的学生组成游行队伍，从校园行进至凯霍加河以抗议污染。除了学生，大克里夫兰地区的环境污染领域的专家、工程协会会员等都在这一天都安排了关于污染问题的讨论。

美国环境保护署的建立

"地球日"是这一时期公众环境保护诉求的一次集体暴发。这次活动巨大的影响力和来自公众的压力促使联邦政府采取更加有力的措施推进环境保护事业。早在1969年底，作为总统顾问的利顿工业公司（Litton Industries）总裁罗伊·艾什（Roy L. Ash）受尼克松总统委托，全面考察政府关于环境管控方面的机构设置问题。1970年4月15日，以罗伊·艾什为首的委员会向总统提交了他们的报告，强烈建议成立一个独立的机构，以配合执行所有管理部门的环境保护计划。"地球日"的成功增强了这份报告的影响力。③1970年7月，以这份报告为基础的《1970年第三号改组计

---

① Remarks of Senator Edmund Muskie (Democrat of Maine) at Harvard University teach-in, Cambridge, Mass., 1970-04-21[EB/OL]. // Congressional Record—Senate, 1974-04-23: 15705. [2012-04-10]. http://abacus.bates.edu/muskie-archives/ajcr/1970/Earth%20Week.shtml.

② Edmund Muskie. A Whole Society[Z]. 1970-02-22// Congressional Record—Senate, 1974-04-23:15705.

③ Jack Lewis. The Birth of EPA[J]. EPA Journal, 1985(08): 8.

划》（*Reorganization Plan No. 3 of 1970*）被提交至国会。计划提出要成立一个集研究、监督、标准制定和执行职能于一体的独立机构，这即是"美国环境保护署"（Environmental Protection Agency，EPA；下文简称美国环保署或环保署）。12月计划获得国会批准，美国环保署正式成立。第一任环保署署长拉克尔肖斯（Ruckelshaus）就职后立刻开始向各种环境问题宣战——因凯霍加河大火而备受关注的克利夫兰市水污染问题成为环保署首批宣战的对象。[①]

《1972年清洁水法案》的通过

对于联邦政府来说，这次火灾所推动的不只是机构设置的改革。不少学者认为，1969年的凯霍加河大火作为工业化时代环境危机的代表性事件，推动了《1972年清洁水法案》的通过。由于无法阻止获得州政府授权的工业企业向凯霍加河排污，且得不到联邦政府的资金援助，克里夫兰政府在凯霍加河污染治理问题上始终未见成效，这恰恰反映出现行水污染控制法律的漏洞。1965年通过的《水质法案》虽然标榜是一项防止、控制和减轻水污染的国家政策，但国会从未宣布污染非法。实际上，在水质不低于标准的前提下，国会默许水质较好的河流遭受污染。[②]1969年凯霍加河大火发生后，参议院公共工程委员会下属的空气和水污染小组委员会（Subcommittee on Air and Water Pollution of the Committee on Public Works）在主席马斯基的领导下，一直致力于水污染控制的立法工作。1970年和1971年，空气和水污染小组委员会共投入33天的时间举行关于水污染议案的听证会，听取了171名证人的证词，收到470条陈述。为了制定这部法律，小组委员会和公共工程委员会共召开了45次行政会议。

---

① Kenneth R. Lamke. Pollution Order Deadline Issued to Three Major Cities[J]. Milwaukee Sentinel, 1970-11-11.

② Andrew W. McThenia, J R. Examination of the Federal Water Pollution Control Act Amendments of 1972[J]. Washington & Lee Law Review, 1973, 30: 199.

1970年4月，克里夫兰市长斯托克斯赴华盛顿参加听证会。他以克里夫兰的情况为例，敦促参议院通过关于在《联邦水污染控制法》下增加财政补贴的议案。他认为，克里夫兰市的水污染问题有很大一部分责任归结于州政府和联邦政府。在现行法案下，俄亥俄州政府一方面根据相关条款，把克里夫兰置于接受联邦资金次序的第25位，另一方面又对克里夫兰的污染实施惩罚。控制污染所需的费用是巨大的，但在美国大部分城市，这笔费用的70%都需要城市自己负担。因此斯托克斯建议，联邦政府的补助至少应提高到50%。[1]

同年9月，斯托克斯市长的哥哥，众议员路易斯·斯托克斯也在众议院采取行动，要求联邦政府在水污染控制中发挥更大的作用。他向众议院提交议案，提请联邦资助凯霍加河清理计划。他指出，在克里夫兰及周边地区已经付出努力而无法取得成功的情况下，需要联邦政府采取行动。[2]他还向国会解释了他的议案所具有的象征意义：如果国家能够清理干净凯霍加河，那么就表明国家能够清理干净全国的任何水体。[3]斯托克斯议员的议案最终获得通过，这也是国会首次批准一整条河流的复原计划。

历经两年的调查、研究和听证，1971年10月，空气与水污染小组委员会的立法活动迈出关键的一步。马斯基向参议院提出了关于修正《联邦水污染控制法案》的议案（S.2770），即《1971年联邦水污染控制法案修正案》(Federal Water Pollution Control Act Amendment of 1971)。马斯基的议案与以往的联邦法案有一个显著的不同，那就是他在这部修正案中首次提出了联邦水污染控制的总目标，即恢复和维持国家水域的化学、物理和生物特性的完整，并表示联邦水污染控制的一切活动都应该指向这个总目

---

① Water Pollution—1970, Part 2: Hearings before the Subcommittee on Air and Water Pollution of the Committee on Public Works, U.S. Senate, 91st Congress (1970)[Z]. U.S. Government Printing Office, 1970: 409-414.

② 不详. Stokes Tells House Units of Need for River Cleanup[EB/OL]. Cleveland Press, 1970-10-13[2012-04-10]. http://csudigitalhumanities.org/exhibits/items/show/1396,.

③ Erick Trickey. The Trailblazer[J]. Cleveland Magazine, 2009(7)July, 2009.

标。尽管这份议案遭到了工业团体的反对，且尼克松政府也极力反对议案中相关过于严格的规定，但参议院在11月2日仍以86：0的投票结果通过了马斯基的议案，[①]并将其送至众议院。

1972年3月，众议院公共工程委员会（House Committee on Public Works）向国会汇报了众议院版本的修正案议案（H. R. 11896）。这份议案保留了马斯基议案的基本概念和框架，因而在提交众议院的讨论时同样遭遇到反对意见，但是没有人怀疑或否认这一水污染控制项目的必要性。不少议员还以凯霍加河的火灾为典型事例，力证这一法案的重要性和对法案需求的迫切性。俄亥俄州的议员范尼克（Vanik）在批评总统行政办公室试图在总统议程和预算中打压这一项目时说："很显然，总统行政办公室的官员们从未见过凯霍加河。"[②]经过两天的讨论，众议院以380票赞成14票反对的投票结果通过了该议案。[③]10月4日，参众两院通过了以此为基础的《1972年联邦水污染控制法修正案》。17日，尼克松总统以预算为由否决了该法案，但不到24小时，总统的否决被国会推翻，由此《1972年联邦水污染控制法修正案》，即《1972年清洁水法案》（Clean Water Act of 1972）正式获得通过。

这部法律授予联邦政府相关机构制定条例的权力，并要求污染者严格履行。若有违法行为发生，联邦政府无须再履行复杂的程序，就可以直接对污染者进行处罚或提起诉讼，严重者可以追究其刑事责任。在水污染治理上，联邦的法律地位已经超越了各州，成为水污染治理的主导力量。[④]这部法律也因此在美国水污染立法上具有了里程碑式的意义。

按照该法律的要求，任何人都无权将将国家的水域当成废弃物的倾倒

① Peter Cleary Yeager. The Limits of Law: The Public Regulation of Private Pollution[M]. Cambridge University Press, 1991: 154.

② Congressional Record—House, Proceedings and Debates of the 93rd Congress[Z]. 1972-03-27: H2531.

③ Congressional Record—House, Proceedings and Debates of the 93rd Congress[Z]. 1972-03-29: H2718.

④ 尹志军. 环境法史论[D]. 中国政法大学，2005：155.

区。除非满足法律的某些具体条款，否则任何人向水中排放任何污染物都是非法的。所有城市生活污水的排放者都必须至少要提供污水的二级处理（secondary treatment），即污水经一级处理后，用生物处理方法继续去除污水中的有机物和悬浮物。所有工业排放都必须达到环保署根据"最佳技术"所能达到的污染控制效果界定出的控制标准。[①]该对许多工业施加的严格的技术标准，改变了以往污染企业在州政府的许可下持续向凯霍加河排放污染物的局面，加速了凯霍加河的清理。此后的凯霍加河再也没有发生过火灾，1969年的火灾成为凯霍加河上发生的最后一场火灾。

---

① Robert W. Alder, Jessica C. Landman, Diane M. Cameron. The Clean Water Act, 20 Years Later[M]. Island Press, 1993: 8.

10 "毒地"的"罪与罚"

——拉夫运河事件与超级基金法

　　拉夫运河靠近美国著名的尼亚加拉瀑布，这里风景宜人，运河小区是典型的美国城市郊区。1978年春，一位居住在拉夫运河小区的年轻妈妈被儿子的病痛折磨得心力交瘁。这位名为洛伊斯·吉布斯的家庭主妇有两个孩子，其中儿子只有6岁，却已经患上了肝病、癫痫、哮喘和免疫系统紊乱症等多种病症。她不明白，为什么儿子小小年纪就会患上这么多疾病。有一天，她在报纸上偶然得知，自己所居住的拉夫运河小区曾是一个化学废弃物倾倒地。她开始怀疑孩子的病是不是与此有关，因为自从她带着孩子搬到这里后，儿子就不断生病。

　　吉布斯在寻找真相的过程中才发现，居住在拉夫运河小区的许多幼儿都患上了类似的疾病。这一问题终于引起了社会各方面的关注，特别是经过媒体的报道，震惊了美国人。这一事件被人们称为"拉夫运河事件"。在强大的社会舆论压力下，美国国会1980年通过了《环境应对、赔偿和责任综合法》，批准设立污染场地管理与修复基金，即超级基金，该法也被称为超级基金法。拉夫运河事件和超级基金法不仅在美国产生了重要影响，而且在世界范围内引起了人们对污染场地的广泛关注。

拉夫运河"毒地"的形成

拉夫运河小区是纽约州尼亚加拉瀑布市郊区的一个社区，它因区域内早已废弃的拉夫运河而得名，范围覆盖了城市东南角的36个街区。社区的北边是贝尔戈尔特湾，南边是尼亚加拉河。这里与自然相亲近，宁静而美丽，是一个可以安居乐业

图10.1 从纽约这边看尼亚加拉瀑布

的地方。然而，它最终为什么会成为一块为害甚重的"毒地"呢？这还要从拉夫运河的历史说起。

拉夫运河得名于其建设者威廉·拉夫。19世纪90年代初，拉夫计划修筑一条大约六七英里的运河来连通上尼亚加拉河和下尼亚加拉河，由此将能形成一个落差达85米的人工瀑布，从而创造大量且廉价的电力，以为尼亚加拉瀑布市蓬勃发展的工业提供服务。他还计划沿运河和安大略湖建设由公园和住宅区构成的社区，打造他所谓的"模范城市"的完美城市区域。然而，诸多原因使其未能如愿。首先是1893年的经济危机，使投资者中止了对这一工程的投资。其次是1891年尼古拉·特斯拉发明了高效率交流发电机，使远距离输电成为可能，而拉夫的直流发电计划却有输电距离的限制。最后是当时美国国会出台一项法规，为保护尼亚加拉瀑布，禁止引尼亚加拉河的水。当资金耗竭之时，只挖掘了一条长1.6千米、宽15米、

深3~12米的由尼亚加拉河向北延伸的运河。在运河的两旁建设了一些街道和房子，拉夫的梦想终未能实现。[①]

这项工程被放弃后，水渐渐地注入这条废弃的运河，拉夫运河竟成了孩子们的乐园。夏天的时候，当地的孩子们在这里游泳嬉戏；冬天的时候，他们在这里滑冰取乐。然而，好景不长，到20世纪20年代时，拉夫运河成了尼亚加拉瀑布市的垃圾场，城市的垃圾定期往这里倾倒。更甚者，到40年代时，美国的军队开始利用这里作为军事废弃物的填埋地，其中便包括曼哈顿工程的一些核废弃物。与此同时，利用拉夫运河作为废弃物填埋场的还有胡克电化学公司。

1905年，埃伦·胡克建立了胡克电化学公司，后来改称胡克化学公司。胡克电化学公司在生产过程中产生了大量的化学废弃物，急需废弃物填埋场。1942年，胡克电化学公司从尼亚加拉电力与发展公司获得授权，开始向拉夫运河倾倒废弃物。胡克公司将化学废弃物装入容量为210升的金属桶，存放在拉夫运河里。1947年，胡克公司买下了这条运河和两岸21米宽的区域；同期向拉夫运河倾倒废弃物的还有尼亚加拉瀑布市和军队。到1948年时，胡克公司成为这条运河唯一的所有者和废弃物倾倒者。[②]

拉夫运河作为废弃物倾倒点一直运营到1953年，此时拉夫运河已被化学废弃物填满了，面积达6.5公顷。在此期间，胡克公司共向拉夫运河倾倒了2.18万吨化学废弃物，种类多达200种。其中不仅包括染料、香水、橡胶和合成树脂溶剂生产过程中产生的腐蚀剂、碱类、酸类和氯化烃类物质等，而且包括电路板和重金属，埋藏深度在6~7.6米。1953年之后，拉夫运河被覆盖了泥土，植被开始在垃圾场上生长。[③]胡克公司对这样一个非常危险的化学废弃物倾倒场只是做了这样简单的处理，也为后来灾难和悲剧的发生埋下了一颗"定时炸弹"。

---

①②③ Wikipedia. Love Canal[Z/OL]. [2013-10-14]. http://en.wikipedia.org/wiki/Love_Canal.

拉夫运河事件的暴发

20世纪50年代，尼亚加拉瀑布市进入一个经济繁荣发展和人口迅猛增长的时期，人口超过了8.5万。人口的增长也增加了对学校的需要，教育部门不得不计划建设新的学校来满足社会需求。在土地供应愈加紧张的情况下，教育局有意购买胡克化学公司埋藏化学废弃物的拉夫运河来建设新的学校。最初，胡克化学公司因为担心安全问题而拒绝出售，然而教育局并未就此妥协。最终，胡克化学公司还是以1美元的价格将这块土地出售给教育局。1953年4月28日，双方签订了转让协议。[①]

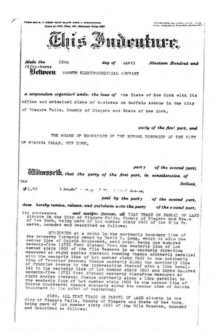

图10.2 拉夫运河的转让合同

在协议当中，附带了一则17行的胡克公司的警告，警告陈述了在这块区域进行建设的危险性，并认为应当对这块区域进行密封，以防止人和动物接触到这里所倾倒的废弃物。胡克化学公司认为这种警告能够使其在未来免除可能要承担的法律责任。

尽管有胡克公司的警告和免责声明，但是教育局还是按照最初的计划在这里开始了第99街学校的建设。1954年1月，这所学校的建筑师向教育局报告，在挖掘过程中工人发现了两个垃圾倾倒点，其中有210升容量的桶，装有化学废弃物。建筑师也提醒，在废弃物问题尚不清楚的情况下，在这里建设学校是很不明智的。它不仅可能危及健康，而且可能使混凝土地基

---

① Wikipedia. Love Canal[Z/OL]. [2013-10-14]. http://en.wikipedia.org/wiki/Love_Canal.

```
        Prior to the delivery of this instrument of conveyance,
the grantee herein has been advised by the grantor that the
premises above described have been filled, in whole or in part,
to the present grade level thereof with waste products resulting
from the manufacturing of chemicals by the grantor at its plant
in the City of Niagara Falls, New York, and the grantee assumes
all risk and liability incident to the use thereof.  It is, there-
fore, understood and agreed that, as a part of the consideration
for this conveyance and as a condition thereof, no claim, suit,
action or demand of any nature whatsoever shall ever be made by
the grantee, its successors or assigns, against the grantor, its
successors or assigns, for injury to a person or persons, includ-
ing death resulting therefrom, or loss of or damage to property
caused by, in connection with or by reason of the presence of
said industrial wastes.  It is further agreed as a condition hereof
that each subsequent conveyance of the aforesaid lands shall be
made subject to the foregoing provisions and conditions.
```

图10.3 转让合同中的"警告"

受到损害。教育局随后将校址往北迁移了大约2.5米，幼儿园的操场也因为正好处在垃圾场之上而不得不迁移。然而，这种迁移并没有让学校避开垃圾场，事实上它仍然建在了垃圾场之上。[1]

1955年，第99街学校兴建完成，有400名儿童来此上学。同年，学校所在区域出现了一个直径大约为7.6米的土地破裂区，并且露出了化学废弃物。暴雨来临后，雨水在这里汇聚，所形成的水坑成了孩子们玩耍的地方。1956年，第93街学校在离第99街学校6个街区的地方建成开放。在这些学校兴建的同时，周边一些小区也陆陆续续建立起来。这里的房子是由私人开发商建设的，所用土地是之前建设学校所剩下的部分，由教育局出售给他们。

1957年，尼亚加拉瀑布市打算为毗连垃圾倾倒场而建的低收入家庭和单亲家庭小区建设排水管道。在建设排水管道时，建设者打破了拉夫运河的黏土密封层；另有输水线和拉萨尔高速公路从拉夫运河穿过。这些建设破坏了拉夫运河原有的本来就很薄弱的密封层，使得埋藏于地下的化学品有更多的机会从运河中逃逸出来。建成的拉萨尔高速公路限制了雨水流到

---

[1] Wikipedia. Love Canal[Z/OL]. [2013-10-14]. http://en.wikipedia.org/wiki/Love_Canal.

图10.4　清理中的拉夫运河小区

尼亚加拉河，1962年春，在这里形成了积水四溢的水坑。埋藏于地下的化学物质随着这些肆意流淌的水来到了居民的生活区，当时曾有人报告在后院和地下室发现了含油的和带有颜色的水。

　　1976年，《尼亚加拉公报》的两名记者大卫·波拉克和大卫·拉塞尔检测了拉夫运河附近的几个污水管泵，在其中发现了有毒化学物质，随后他们刊发了自己的发现。然而，他们的报道在一年多的时间里并没有引起人们的注意。后来，记者迈克尔·布朗注意到了他们报道的问题。1978年初，他通过挨家挨户的访问来调查那些化学物质对健康存在的潜在危害。他在儿童人群中发现了大量的先天性缺陷和异常，如大脚、大头、大手和大手臂。布朗建议当地居民组织起来进行抗议，后来成立的抗议组由当地居民凯伦·施罗德领导，她的女儿有十余种出生缺陷。布朗前前后后写了100余篇关于这个垃圾倾倒场的文章，他进一步测试地下水，其中许多有害物质大量超标，还发现了具有高毒性的二噁英。[①]

　　拉夫运河的问题终于也引起了官方一些部门的注意。1978年4月，当时的纽约州卫生局局长罗伯特·惠伦亲自前往视察，他亲眼见到以前埋在地下的金属容器已露出了地面，流出黏糊糊的液体，像是重油一样，又黑又稠。他说：拉夫运河的化学废弃物填埋场已经成为一个公害，对生活在其周围的、与之接触的人群的健康、安全和安宁构成了严重的威胁。他还告诉人们不要去地下室，也不要食用他们后院里生长的水果和蔬菜。而事实上，后院里生长的果蔬，他们已经吃了好几年了。惠伦还力劝所有孕妇和两岁以下的孩子尽快从拉夫运河小区搬出去。[②]纽约州卫生局调查发现这里妇流产率远高于正常水平，而且出现了大量的无法解释的疾病。

　　1979年，美国环境保护署报告说，这里的居民呈现出这样的问题："异常高的流产率……拉夫运河现在可以列入有毒物质引起的环境灾难名录里了，工厂工人患上了神经紊乱症和癌症，在母乳中发现有毒有物质。"当地居民中，有个家庭四个孩子中的两个患有先天性缺陷。拉夫运河家庭联合会的一个调查发现，1974—1978年出生的孩子中的56%至少有一种先天性缺陷。[③]

　　20世纪70年代后期，曾来拉夫运河视察的美国环保署官员克哈特·贝克描述：

　　　　那时我访问了运河区域，看到具有腐蚀性的废弃物从后院地上露出来，树和花园里的植物变黑变干。一个游泳池的地基破裂了，并变成了一个化学品池子。居民向我指出有毒物质聚积的水坑，其中一些就在居民的后院，一些在他们的地下室，还有一些出现在学校的操场上。到处都可以闻到令人头晕的和窒息的气味，有些孩子则在玩耍过

---

①②③ Wikipedia. Love Canal[Z/OL]. [2013-10-14]. http://en.wikipedia.org/wiki/Love_Canal.

程中烧伤了手和脸。[1]

1978年8月2日，纽约州卫生局发表声明，宣布拉夫运河处于紧急状态，命令关闭第99街学校，建议孕妇和2岁以下的儿童撤离，并委任机构马上执行清理计划。

居民的抗争和政府的行动

1978年春，拉夫运河事件的消息传播开后，在美国引起了强烈的社会反响。它能够获得举国的关注，与本章开篇提到的一位叫洛伊斯·吉布斯的女性是分不开的。1972年，刚刚成为一位妈妈的洛伊斯和她的丈夫哈

图10.5　洛伊斯·吉布斯

里搬到他们位于尼亚加拉瀑布市第101街的新家，他们心中满怀着希望和喜悦。他们所在的小区离尼亚加拉河和瀑布都不远，环境很好；地理位置也很理想，附近有商店、学校和历史名胜区，离他们工作的地点也很近。[2]这里真是一个可以安居乐业的地方！

然而，好景不长，她的家庭和许多邻居一样，沉陷一场环境灾难之中，其中最为悲惨的莫过于幼小的孩子。到1978年时，吉布斯的儿子当时只有6岁，却很不幸地患上了肝病、癫痫、哮喘和免疫系统紊乱症等多种病症。她完全不清楚为什么会这样，毕竟孩子才那么小。有一天，她在当地报纸《尼亚加拉公报》上偶然得知，自己所居住的拉夫运河小区曾是一个

---

① Wikipedia. Love Canal[Z/OL]. [2013-10-14]. http://en.wikipedia.org/wiki/Love_Canal.
② Jennifer Reed. Love Canal[M]. Philadelphia: Chelsea House Publishers, 2002：11.

化学废弃物倾倒地。[①]在她搬到这里时，她完全不了解这一点，开发商没有告诉过她，当地政府也没有。或许，地产商也不清楚这一点，因为最初这块土地的转让只是在教育局和胡克化学公司之间进行的。总之，和其他居民一样，吉布斯之前完全不了解所居住、生活的这块土地的历史。

当洛伊斯·吉布斯了解到这里曾是化学废弃物填埋场后，她开始怀疑孩子的病与此有关，因为自从她带着孩子搬到这里后，儿子就不断生病。她将搜集到的关于拉夫运河化学废弃物填埋场的文章拿给她的一个哥哥，纽约州立大学巴法罗分校的一位生物学教授，她从他那里了解到相关化学物质以及它们所能引发的症状。根据当时所了解到的情况，他们甚至已经可以确认孩子所患的病就是与那些化学废弃物有关。[②]

作为一位平凡母亲的洛伊斯，其人生在此时发生了转向：她希望自己的孩子和邻居的孩子都能从所在的学校转出去。她向学校提出要求，为孩子转学到一所公立学校，但校方拒绝了这个要求，说不能破这个先例，怕今后会有更多的人向他们提出转学，影响学校声誉。在交涉过程中，学校的推诿、无理要求等使得吉布斯十分不解和愤怒，这也坚定了她为孩子的权利而抗争的决心。

在得不到学校董事会、市和州代表的帮助后，吉布斯开始一家一户敲门走访，并且请求关闭第99街学校。最初，洛伊斯还很害怕，害怕可能有人粗暴地回应她，害怕别人说她是神经病。但是，在仅仅只是敲了一部分邻居的门之后，吉布斯已清楚地意识到，整个社区的家庭都有着类似的不幸遭遇，癌症、流产、死胎、婴儿畸形、生育缺陷、泌尿系统疾病等层出不穷。在走访的过程中，洛伊斯准备了一份请愿书，一则用来寻求居民的签名以证明人们对社区健康和安全的关心，一则用来记录人们因化学废弃物而遭受的不幸。她的邻居并不都像她一样了解拉夫运河的化学废弃物，

---

① Seuly. 美国拉夫运河事件[J]. 环境，2005(8)：74-77.

② Jennifer Reed. Love Canal[M]. Philadelphia: Chelsea House Publishers, 2002: 14-16.

他们许多人甚至完全不知道这里曾是一个垃圾场。

吉布斯的请求产生了与新闻报道相当的作用，居民逐渐意识到这个严重问题的存在。事实的揭露令小区居民震惊不已，人们感到彷徨失措、惊恐不已。他们走上大街游行示威，要求政府进行更加详细的调查，并做出合理的解释，采取相应的措施。

在媒体和居民的压力下，政府部门才组织对拉夫运河小区的环境进行检测和对所产生的问题进行调查。1978年8月2日，纽约

图10.6 拉夫运河小区居民的抗议

州卫生局宣布拉夫运河处于紧急状态。但是当地政府仍然拒绝对小区居民进行疏散，因为担心这样会引起恐慌，会让纽约州西部所有的人都以为自己的居住地被污染了，这样的结果是政府承担不起的。这不仅没有平息恐慌，而且使居民要求迁移的呼声和愿望变得更加强烈，人们绝望地呼喊："我想知道我的孩子是否能够正常地长大成人？请求你们查明原因，千万不要让悲剧再次发生。""我们要搬出去！离开这里！"①

针对孕妇和2岁以下的小孩撤离的建议，纽约州卫生局不能科学地证明他们对特定年龄的界定是否正当，因为也许有更多的小孩正处于危险中。在公众巨大的压力下，1978年8月7日，卫生局和州长凯里同意疏散239个家庭，不管这些家庭的孩子年龄有多大。

---

① Seuly. 美国拉夫运河事件[J]. 环境，2005(8)：74-77.

1978年10月，垃圾场的清理工作开始了。首先是建设一条排水沟，以排除渗透进小区的化学物质。同时，在垃圾场表层铺设一层黏土，以减少雨水或融化的雪水渗透。运河北部一线的下水道和小沟渠也被清理了，但已穿越社区和住房的废物还是存在。此时，还有大约660户家庭居住在这个社区，未能得到疏散和安排。他们继续向管理者、联邦当局和卡特总统施压，希望扩大疏散区域。

1979年2月8日，纽约州卫生局于发布了第二道疏散命令，针对对象是孕妇和所有660户家庭2岁以下的孩子。如同先前的那份疏散命令，这个命令在未列入疏散计划里的居民中同样也制造了巨大的恐慌。拉夫运河小区的居民们逐渐意识到必须团结起来，给州政府施加压力，让他们有所行

图10.7 疏散后的房子

动。于是，吉布斯组织居民成立了拉夫运河业主协会，并担任该协会的主席。义愤填膺的居民们扣留了美国环保署代表作为人质，要求白宫答应帮助他们解决问题，疏散居民，并宣布这里是重灾区。

图10.8　清理拉夫运河

当拉夫运河小区掩埋化学废物的真相公诸于世时，它无异于深埋在地下的"定时炸弹"，轰然一声爆炸，在美国全国范围内引起了轩然大波。在居民为自己的健康和安全努力争取时，各路媒体也表现出了惊人的一致，纷纷发表文章谴责政府，宣称支持居民的行动，呼吁政府尽快就这一事件做出解释，并妥善解决。几天后，居民们终于得到了回应。卡特总统颁布了紧急状态令，允许联邦政府和纽约州政府为尼亚加拉瀑布市的拉夫运河小区660户人家实行暂时性的搬迁。

1980年10月1日，卡特总统访问了尼亚加拉瀑布市，颁布了划时代的法令《环境应对、赔偿和责任综合法》，创立了"超级基金"。这是有史以来美国联邦资金第一次用于清理泄漏的化学物质和有毒垃圾场。但遗憾的是，仍有67个家庭没有迁出拉夫运河小区，其中就有吉布斯一家。[①]

正是经过以吉布斯为代表的拉夫运河小区居民坚持不懈的抗争，拉夫运河的化学废弃物问题才逐渐得以解决。吉布斯这样一位平凡的母亲，在探寻拉夫运河事件真相和与地方权势作斗争的过程中，变身为保护下一代

---

① Seuly. 美国拉夫运河事件[J]. 环境，2005(8)：74-77.

的英雄。她的故事已成为一个传奇，不仅仅因为她对追查事情真相不懈努力的精神，更重要的是敢于与当时的地方权势斗争。在与一个资产上亿元的跨国公司和一个不给予回应的政府面前，拉夫运河的居民取得了胜利，吉布斯的作用非同小可。她和拉夫运河居民的行为展示了一个具有责任感的社区和公民如何改变历史的过程。

2000年，吉布斯在回顾拉夫运河事件时，她感慨道，从最初的健康研究调查到最后的疏散计划，拉夫运河的每个行动都因政治而打上了不幸的烙印。但拉夫运河业主协会成员坚信，如果他们没有组织这个强大的公民团体，他们仍将居住在拉夫运河，仍将遭受着化学废物的毒害，因为当局

图10.9　疏散后建立的新家

仍坚持拉夫运河不存在健康问题。

对于政府为什么不愿意疏散这个社区，吉布斯认为有许多原因，其中很重要的两条是：

费用问题。纽约州和联邦政府在拉夫运河小区的搬迁和化学废弃物的清理上共花费了6000多万美元，这笔费用之后通过诉讼由胡克化学公司的母公司西方化学公司支付。很显然，政府最初是不愿意承担这样一笔巨额费用的。当时预计，与拉夫运河相似的垃圾站还有5万个，散布于美国各地，这将成为美国政府不得不面对的难题。①

缺乏相关的科学研究。对低水平化学暴露物影响人类健康的科学理解，是建立在一周40小时接触化学物质的成年工人基础上的；而拉夫运河的威胁是来自住宅，住宅区的化学物质可能一天24时对孕妇和孩子构成危害。然而，对于住宅区的这种化学物质暴露伤害的关注和研究，在当时的美国还比较欠缺。②所以，当拉夫运河事件发生后，人们还难以对化学废弃物和人们所患疾病之间的联系进行科学的解释。这也使得政府最初不愿意采取行动，胡克化学公司更是以此为借口逃避责任。

《超级基金法》及其应用

拉夫运河事件的爆发和社会各界的关注和努力，促使美国国会于1980年12月11日通过了《环境应对、赔偿和责任综合法》，又称《超级基金法》。该法对排放到环境中的有害物质的责任、赔偿、清理和紧急反应以及弃置不用的有害废物处置场所的清理作了规定，即明确规定了排放到环境中的有害物质的治理者、治理行动、治理计划、治理责任、治理费用和其他治理要求，建立了比较完备的有害废物反应机制、环境损害责任体

---

①② Seuly. 美国拉夫运河事件[J]. 环境，2005(8): 74-77.

制。这项法律规定了超级基金和有关补救责任，确定了有关当事人的连带责任性的严格责任，其法律效力具有追溯力，是对传统法理观念的一种突破。①

自1980年《超级基金法》颁布以来，有关基金机制、清理的定义和其他问题的争议不断，该法也历经了数次修订，包括1986年的《超级基金修正及再授权法》、1992年的《公众环境应对促进法》、1996年的《财产保存、贷方责任及抵押保险保护法》以及2002年的《小商业者责任减免及棕色地带复兴法》。②

《超级基金法》赋予了美国联邦政府广泛的权利，以应对危险物质泄漏的紧急状况以及治理未受控制的危险废弃物倾倒场地。根据该法规定，美国环保署与各州以及印第安部落合作，负责实施超级基金项目，以确定、调查和治理全国范围内最严重的危险废弃物场地，重点治理遗弃的、发生泄漏的以及非法的废弃物倾倒场地。

《超级基金法》确立了四项制度：

首先是信息收集与分析制度。规定美国环保署长官可以发布命令，将那些可能渗透进入环境并造成公众健康、福利和环境的实质性危害的物质指定为"危险物质"，并由危险物质的所有权人对其总量和类别向环保署报告。为此，美国环保署专门制定了《国家优先治理名单》对危险物质予以指定。③

确定《国家优先治理名单》是超级基金治理过程中的重要一环。美国环保署根据危险评价等级体系，确定哪些危险废物场地应当列入名单，并

---

① 汪劲，严厚福，孙晓璞. 环境正义：丧钟为谁而鸣——美国联邦法院环境诉讼经典判例选[M]. 北京：北京大学出版社，2006：327.
② 瞿苇. 环境侵权救济补偿基金制度研究——以美国《超级基金法》为基础[D]. 长沙：湖南师范大学环境与资源保护法专业，2012：24.
③ 汪劲，严厚福，孙晓璞. 环境正义：丧钟为谁而鸣——美国联邦法院环境诉讼经典判例选[M]. 北京：北京大学出版社，2006：327-328.

根据这份名单确定进一步的可行性调查和治理行动。《国家优先治理名单》每年都会定期更新，去掉已经治理完毕的危险废物场地，并增加新的地点。1983年，国家优先治理名单中列有406个场地，1997年增加到1353个。截至1997年，仅有141个场地从《国家优先治理名单》上删去。①

1993年，美国环保署颁布了超级基金《建设完成名单》，其中包括的危险废物场地有三类：第一，场地清理完成者，不论其最终治理目标或其他标准是否已达到；第二，美国环保署认为治理完成而不需要继续；第三，已达到治理目标从而可以从国家优先治理名单中删去者。到2004年11月，《国家优先治理名单》中有危险废弃物场地1583个；截至2003年12月，《建设完成名单》中有890个，约占优先治理名单的56%。②

其次是明确了联邦在处理危险物质上的特别权限，即联邦可以对危险物质的紧急处理作出反应并参与对渗透场所的清理工作。③为此联邦还制定了《国家应急计划》，针对污染场地可以采取两类行动：一种是"短期清除"，即当有危险物质泄漏或有泄漏威胁时需要立即处理、迅速做出反应的一种行动；一种是"长期修复反应行动"，指当有害物质泄漏或有泄漏威胁时，情况虽然严重但没有立刻的生命危险时采取的行动，此行动旨在从根本上永久地消除危险废物对人类和环境可能造成的危害。④

超级基金在确定采取哪类行动前，需要对污染场地进行初步评估和视察，如果需要立即或短期的反应行动，则将其列入"超级基金紧急反应程序"，即采取第一类行动。如果是污染非常严重的场地并确定可能需要长期清理，则将其列入环保署的《国家优先治理名单》，即采取第二类行动。

---

① 王曦、胡苑. 美国的污染治理超级基金制度[J]. 环境保护，2007(10)：64-67.
②③ 汪劲，严厚福，孙晓璞. 环境正义：丧钟为谁而鸣——美国联邦法院环境诉讼经典判例选[M]. 北京：北京大学出版社，2006：328.
④ 瞿苇. 环境侵权救济补偿基金制度研究——以美国《超级基金法》为基础[D]. 长沙：湖南师范大学，2012：24.

第三是设立了"危险物质信托基金"（也称超级基金）制度。《环境应对、赔偿和责任综合法》设立了"超级基金"，用于资助环境清理措施。超级基金的初始基金为16亿美元，主要来源于两个方面：一是来自对生产石油产品和某些无机化学制品的行业征收的专门税，共有13.8亿美元；二是来自联邦财政拨款，共有2.2亿美元。1988年在《超级基金修正及再授权法》中，将这一基金增加到85亿美元。向基金请求赔偿损失的人必须首先向责任人提出请求，如果不行，他可以向基金提出，基金然后就这一请求向责任者进行追索；如果责任者不明，例如有害废物处理场所已被遗弃，则由基金承担这一费用。①

最后是确立了由造成危险物质泄漏者承担清理和恢复原状责任的制度。《环境应对、赔偿和责任综合法》建立了一种新的民事责任体制，根据该体制政府能够从"潜在的责任人"那里重新找回恢复环境的费用。根据该法的规定，许多人可能被认为是"潜在的责任人"：污染场地的现有所有者，最初污染时的所有者，有关废物处理设施原有的所有者或运营者，产生废物的工业活动操作者，废物运输者和废物商人，参与有害物质处置或有关管理决策的公司官员等。该法将对自然资源损害的民事责任确定为严格的（即不管行为是否有过错或过失）、有追溯力的、连带的民事责任。它规定：公司可能对其过去的排污承担责任，即使该排污行为在当时不是非法行为。②

《超级基金法》对排污责任的追溯，使得胡克化学公司的母公司西方石油公司不得不付出2亿多美元的清理费。而当初胡克公司在向尼亚加拉瀑布市教育局转让拉夫运河化学废物倾倒场时，以为一则简短的免责声明便能使其逃脱责任。不过到头来，它还得为自己不负责的排污行为付出

---

① 汪劲，严厚福，孙晓璞. 环境正义：丧钟为谁而鸣——美国联邦法院环境诉讼经典判例选[M]. 北京：北京大学出版社，2006：328.

② 汪劲，严厚福，孙晓璞. 环境正义：丧钟为谁而鸣——美国联邦法院环境诉讼经典判例选[M]. 北京：北京大学出版社，2006：329-330.

代价。

1985年，在纽约州诉海滨房地产公司和唐纳德·利奥格兰德案中，《超级基金法》再次得到成功应用。在这个案子中，海滨房地产公司曾为开发房地产而购买了纽约格伦伍德码头的海滨路上的危险废弃物场地。尽管该公司并没有参与到这些危险废弃物的产生和运输过程中来，但是该公司和其负责人利奥格兰德在获得这块地的使用权时，知道这里存放了危险废物，也知道清除这些废物可能要花很多钱。最终，法院主要根据《超级基金法》判定海滨房地产公司和利奥格兰德负责清除这一场地的危险废物，并要为州的反应费用负责。①

自1980年《超级基金法》颁布以来，超级基金项目取得了很大的成绩，永久性的治理了近900个列于《国家优先治理名单》上的危险废弃物场地，处理了7000多起紧急事件。该项目保证了美国人的健康，降低了环境风险，并为受污染土地的重新使用提供了可能。超级基金项目自身也一直在发展，如它将棕色地的复兴计划纳入其中，对污染较轻的场地的治理提供资助，从而提高资金的利用效率和充分实现了土地的再利用。②

图10.10　现在的拉夫运河

---

① 汪劲，严厚福，孙晓璞. 环境正义：丧钟为谁而鸣——美国联邦法院环境诉讼经典判例选[M]. 北京：北京大学出版社，2006：334-357.
② 王曦、胡苑. 美国的污染治理超级基金制度[J]. 环境保护，2007(10)：64-67.

2010年10月20日晚，在北京师范大学"京师科学与人文论坛"上，我做了题为"环境史与生态文明"的讲座。当晚，科普出版社的杨虚杰女士在场。她听过讲座之后，随即表示了对其中涉及的工业化国家环境问题及其治理状况的浓厚兴趣，并约我进一步撰写相关书籍。后来，虚杰又多次催促此事，但我因一些棘手的工作所累，迟迟未能将这一撰述提上日程。2013年5月，虚杰又一次与我联系，说正在组织出版"生态文明决策者必读丛书"，打算出一本从历史角度思考生态文明建设的书，希望国人特别是广大领导干部和决策者能够从相关历史中获得致力于现实环境问题治理的启示。我感到，在当前形势下，这项工作十分重要。于是，便应承了她的约请。

老实说，目前，我还写不出一本系统地论述环境史与生态文明建设的书。我想，基于自己多年从事环境史研究、教学和人才培养实践，设计写作大纲并撰述可能更妥当一些。因此，我便以所开设的"工业化进程与环境保护"通识类课程教学大纲以及所指导的硕、博士学位论文为基础，选取十个典型的环境史故事，按时间先后确定了大致的撰述、编排顺序。具体写作分工如下：我本人拟定大纲并撰写了代序和第1章；陈祥撰写了第2章；刘宏焘撰写了第3章并编写了第6、7、10章；徐畅编写了第4、5章，并在黄莉辉和谭荣胤的硕士学位论文的基础上改编完成了第8、9章；全书最后由我负责修改、统稿。

本书所阐述的问题涉及英、美、日等国的水体污染、大气污染、固体废弃物、尾矿库塌滑、土壤破坏、农药污染等，它们伴随着这些国家的工业化进程而出现，给自然环境和人类社会造成过巨大的伤痛。而在我们自身当下的经济社会建设中，也不时会发现这些问题及其危害的踪迹，这实在不能不令人警醒并正视。有鉴于此，回顾那些曾经发生在异国他乡的危难，细细体会那些地方的人们所曾遭遇的创伤剧痛，切实了解他们的政府和社会乃至公民自身的应对态度、作为和结果，将会是一件有所裨益的事情。亡羊补牢，犹未晚矣。

需要说明的是，书中部分内容是在他人研究的基础上编写的，所用插图大多来自互联网，为"公有领域"图片或"知识共享"图片。在此，谨对所参考的研究成果的作者、译者以及图片的原制作人表示衷心的感谢。同时，感谢虚杰为此书撰述和出版所付出的不懈努力，也感谢胡怡在写作过程中给予的帮助。书中疏漏和错误在所难免，诚望方家指教。

梅雪芹

2014年1月2日

在文明的转折点上

　　每年岁末年初，都会引发很多回顾与展望。2012年年底，传说中的玛雅末日不过是平凡的一天，很多人心存遗憾；2013年年初，一场巨大的阴霾却意外地降临大半个中国，连续几天不见太阳，如末日一般。

　　很少有人会否认，人类的生存已经面临严重的危机，但是对于这个危机的缘由与解决的方案，却有不同的理解。

　　比如关于全球变暖，就存在几个层面的争议。第一，是否承认全球变暖？第二，承认全球变暖，是否承认由人类导致？第三，承认是人类活动所引起，是否主因为二氧化碳？

　　这个冬天格外寒冷，比去年更冷，似乎印证了某个阴谋论：全球变暖是一个谎言。不过，也有另外的解释，之所以有连续的寒冬，是因为全球变暖、北极冰融。东北有谚云：下雪不冷化雪冷。水从固态变成液态，需要吸收大量的热，这会使得周围温度降低。于是寒冬，恰恰地成为全球变暖的证据。

　　所有的社会都首先要解决生存问题：如何获得维系生存所必需的物质，使人类免于饥饿、贫困；然后，如何分配所获得的物质，实现公正、公平。在人类以往的漫长历史中，人类整体能够从环境中获得的东西是有限的，思想家致力于寻找更好的社会制度，或者改良，或者革命。然而，进入工业文明，有了科学及其技术，生存问题的解决有了一个新的方向——努力从自然中获取更多的物质！即使分配不公平，参与分配的每一方也能获得更多。生存问题得到了缓解。但是，生态问题却不期而至。

工业文明给人一种假象，似乎科学和技术的进步可以是无限的，人对自然的索取也可以是无限的，于是有了单一单向的社会进步观，把对于物质的获取作为最重要指标。人类社会内部的公正、公平问题并未解决，而是被忽略了。现代化是个食物链，上游优先获取下游的能源和资源，同时，把污染和垃圾转移到下游去。大自然成为这个食物链的最后一个环节。上游掠夺下游，人类整体共同掠夺自然。常常，上游对自然的掠夺也是通过掠夺下游来实现的。这种掠夺发生在一国之内的不同阶层、不同地区，也发生于国与国之间。大自然既为人类提供能源和资源，又承受着人类抛来的一切问题。生态问题向下游转移，首先导致下游地区的生态恶化，进而导致全球性的生态危机，使全体人类都面临灭顶之灾。

全球变暖是人类活动所导致的生态危机的象征。

其实，我们不一定需要二氧化碳来解释全球变暖。即使在露天的野外，点燃一堆篝火，也会使人暖和一点儿，再点燃一堆篝火，温度就会再高一点儿。物质不灭，能量守恒，热量是一切能量转化的最终形态。而当下的工业社会正是建立在化石能源的大量燃烧之上的。人类每天发电用电，相当于把远古的太阳点燃，挂在了天上。天上有了不止一个太阳，当然会全球变暖。

当然，即使不采用变暖这样明确的说法，我们也可以承认，人类活动导致了全球生态系统的紊乱，并且，这种紊乱还在加剧，进而可以预言，类似于寒冬、暖冬、飓风、阴霾之类的极端天气和现象，会更加剧烈，更加频繁。

一切实践性的理论，都建立在两个前提之上，一个是对当下的判断，一个是对未来的预期。对于当下的判断，是建设未来的基础。

我们所生存的世界处在一个什么样的状况？我们的生态问题和环境问题究竟严重到什么程度？

有人相信，问题是局部的，而且，是可以控制的，甚至是正在变好的。但是，把各局部在地图上标出来，就会发现，问题已经是全面的了。再标上时间变量，就会发现，问题不是暂时的，而是长期的，问题也没有逐渐变好，而是在迅速恶化。

以往人们普遍认为，垃圾问题是枝节问题、技术问题。但是在2009年，中国的垃圾问题全面爆发，愈演愈烈，成为日常事务的一部分。我们会发现，这些枝节问题再也不会退出我们的视线。于是，对于垃圾问题就应该有新的判断，正如污染问题，环境问题一样，垃圾问题内在于工业文明，是工业文明的一部分。

中国的生态问题和环境问题，全球性的生态问题和环境问题，无论把它们想象得多么严重，都不会比现实更加过分。工业文明就像一列轰隆隆的列车，越开越快，但是，前方50米，就是悬崖！

我们的生态，早就不足以支撑当下的文明方式。

人类如果不及时找到新的文明形态，人类文明将会灭绝。

有人相信自然的调节能力，相信在这一轮文明灭绝之后，还会有新的文明出现。在人类以往的历史上，文明之间的转换更替并不鲜见。你方唱罢我登场，在雅典、玛雅、吴哥等文明的废墟之侧，总有新的文明出现。凤凰涅槃。即使伴随着生态灾难，也限于某个地区，某个民族。从全球范围看，大地依然是稳定的，坚实的，永不塌陷的。

但是，这一轮文明的毁灭，会将整个生物圈作为陪葬。人类将首先导致生物圈的紊乱，死亡，然后，人类自身随之死亡。所有的大型动物都会随之灭绝。下一轮文明，恐怕是老鼠和苍蝇建设的。

我们正处在一个文明的转折点。

在自然界中，没有任何一个物种可以单独存在，每一个物种都依赖于其他物种。人类也曾普遍地敬畏自然，敬畏生灵。但是在工业文明之后，却敢于把所有物种视为人类的资源，予取予夺。人类是一个不道德的物种。人类不尊重其他物种生存的权利，不能与其他物种和谐相处，也必然表现为生态问题与生态危机。

因而，建设生态文明，不仅仅是对于人的责任，也是人这个物种对于整个生态圈的责任。

然而，生态文明是个什么样子，应该如何建设？不同的学者会有不同的理念，不同的观点，也会有不同的建设方案。

有些人相信，保留工业文明的基本框架，在文明内部做技术性的改造，比如用所谓的"清洁能源"和"低碳技术"加以替换，就可以把工业文明改造成生态文明。这是当下最容易被接受的一种方案。但是这种方案是个幻觉，它非但不能解决既有的问题，反而会导致新的问题。以这种方式建设的不可能是生态文明，顶多是工业文明的最后阶段。

生态文明必然是与工业文明迥然不同的一种文明形态。要建设生态文明，首先需要对工业文明进行彻底的批判，包括技术支持方式、社会制度、对文明的理解以及整个意识形态，都需要全方位地反思。其次，要从传统的文明形态中汲取资源。传统文化是人类曾经有过的，并且可能一直延续着的与自然和谐相处的文明形态，是未来的生态文明唯一可以借鉴的对象。前现代与后现代有着紧密的关联。

建设生态文明，是一个全球性的问题。生态文明可以首先在一国之内产生，但是，生态文明能否持续，取决于人类整体能否觉醒，能否及时转向。

2010年和2011年，在北京社会科学联合会的支持下，我在北京师范大学组织了两届"生态文明建设系列讲座"，主讲人来自哲学、历史、经济学、社会学、生态学等不同领域，有书斋里的学者，也有从事实践活动的社会活动家。按时间次序，第一届主讲人有梅雪芹、卢风、刘华杰、蒋高明和我本人，第二届有蒋劲松、余谋昌、周立、温铁军、廖晓义、李昌平、马军等人。

梅雪芹教授是中国环境史领域的开拓者之一，环境史把环境作为历史描述的对象，关注人类活动对于环境的影响，提供了理解人与自然关系的新的维度。卢风教授是中国早期从事环境哲学的学者之一，同时对于儒家文化颇为心仪，对于生态问题以及生态文明建设问题已经有了系统的思考。刘华杰教授从事科学哲学，近年来关注博物学，博物学也提供了一种不同于数理科学的看待世界看待自然的方式。刘华杰也是中国最早介绍美国阿米什社区的学者之一。

阿米什提供了一个成功抵抗现代化拒绝现代化的案例，人类文明并非只要一条路可走。蒋高明是中国科学院植物研究所的生态学家，是主讲人中唯一一位科学家，他为我们提供了从生态学看世界的视角。他的学术工作与社会实践是联系在一起的。他从事北方草场的生态恢复工作，还在家乡山东直接从事生态农业，不仅在理论上，也通过实践活动否定工业化农业，抵制转基因。他的《中国生态环境危急》全方面地描述了中国生态问题的现状，触目惊心。

蒋劲松博士的专业是科学哲学，对传统文化有精深的理解和体验，并长期从事动物保护的理论和实践工作。余谋昌先生是中国最早从事环境哲学的学者，对于生态文明建设有深入的思考。周立教授是农业问题专家，他关于粮食之两种属性（生活必需品和商品）的见解极具洞察力，其关于粮食、民生、生态、资本之间各种关系的理解极为深刻，对于当下社会现实具有极强的解释力。

温铁军教授是著名的三农问题专家，他在北京师范大学的讲座中，对人类文明的演进，对于工业文明的扩张提供了一幅清晰的全景，入木三分，振聋发聩。廖晓义是著名环保NGO组织"地球村"的创立者，几年前开始在家乡重庆进行生态文明社区实践，她的报告令人惊喜。李昌平先生是一位基于本土实践的理论家，也是依据本土理论的实践者，多年前因上书总理而知名，目前也在从事具体的农村建设工作。马军是著名的环保人士，创办了"公众与环境研究中心"，并利用网站绘制"中国水污染地图"，对于中国水污染现状有全面的了解。水是文明的源头，没有水，文明将无以立足。

每位学者从各自的视角展开，大家的观点并不完全一致，也有冲突，但是，总体趋向是一致的。在讨论与争论的过程中，生态文明的概念逐渐丰富、清晰起来。令人惊喜的是，生态文明已经是一个实践中的概念，除了廖晓义、李昌平之外，在中国还有相当数量不同形式、不同规模的生态文明试验场所。这些实践活动，必定对更大范围的生态文明建设提供榜样与借鉴的作用。

第二年的讲座同时也获得了中国科学技术出版社暨科学普及出版社的支

持，杨虚杰副总编辑产生了一个想法，请各位主讲人把讲座内容加以扩展、完善，正式出版，于是就有了"生态文明决策者必读"丛书。这个想法得到了各位主讲人的支持和影响，卢风教授和蒋高明研究员最先完成书稿。

这套丛书是开放的，作者的范围将不局限与前述各位主讲人，会有更多关心生态文明问题的学者加入进来。

董光璧先生说，中国知识分子要为人类做出贡献。就是说，中国知识分子在做中国的知识分子的同时，也要做人类的知识分子。不仅要从中国的立场和视野看问题，也要从人类的立场和视野看问题。反过来，要解决中国的问题，也需要立足于人类整体的当下与未来。

希望这套"生态文明决策者必读"丛书能够对中国的生态文明建设有所贡献，对人类的生态文明建设有所贡献。

连续两天的大好阳光，让人心情愉悦，忘记了刚刚过去的阴霾。在我们通常的理解中，阴霾只是异常的、暂时的，并非生活的常态，总会过去的。然而，最初，我们也是这样理解沙尘暴的。但是现在，北京的沙尘暴已经变成了常态，人们对它的到来已经不再感到诧异。生态危机的各种表现形态，已经渗透到我们的日常生活，睁开眼睛，随时都可以感受得到。

当我们不再感到诧异的时候，我们就成了温水里的青蛙。

人类需要切肤的危机感，才有可能建设坚实的未来！

田　松

2012年12月20日

2013年1月1日

2013年1月11日

2013年1月17日

2013年1月18日

北京　向阳小院

附录

图片来源

1

图1.1：泰晤士河里的三文鱼，1974，来源：H. F. Wallis. Salmon in the Thames[N]. Illustrated London News, 1975-01-25. Illustrated London News Ltd., Gale Document Number: HN3100515779.

图1.2：洄游的三文鱼，罗伯特·海恩斯，公有领域图片，来源：http://commons.wikimedia.org/wiki/File:Salmon_fish_swimming_upstream.jpg.

图1.3：波尔特船闸，1984年，尼尔·克利夫顿摄，知识共享图片，来源：http://commons.wikimedia.org/wiki/File:Boulter%27s_Lock,_River_Thames_-_geograph.org.uk_-_630356.jpg.

图1.4：本森闸，1978年，尼尔·克利夫顿摄，知识共享图片，来源：http://commons.wikimedia.org/wiki/File:Benson_Lock,_River_Thames_-_geograph.org.uk_-_510209.jpg.

图1.5：德伊闸，2009年，肖恩·弗格森摄，知识共享图片，来源：http://commons.wikimedia.org/wiki/File:Day%27s_Lock_-_geograph.org.uk_-_1280964.jpg.

图1.6：脏兮兮的泰晤士老爹，1848年，《庞奇》，公有领域图片，来源：http://commons.wikimedia.org/wiki/File:Dirty_father_Thames.jpg.

图1.7："泰晤士老爹"的"子女"——白喉、淋巴结核、霍乱，1858年，《庞奇》，公有领域图片，来源：http://commons.wikimedia.org/wiki/File:Father_Thames_introducing_his_offspring_to_the_fair_city_of_London.jpg.

图1.8：爱丽丝公主号灾难，1878年，《哈泼斯周刊》，公有领域图片，来源：http://commons.wikimedia.org/wiki/File:Princess_alice_collision_in_thames.jpg.

图1.9："荒废大道"上的劫匪，1858年，《庞奇》，公有领域图片，来源：

http://commons.wikimedia.org/wiki/File:The_silent_highwayman.jpg.

图1.10：伦敦泰晤士河全景，2009年，Diliff摄，知识共享图片，来源：http://en.wikipedia.org/wiki/File:Thames_Panorama,_London_-_June_2009.jpg.

2

图2.1：田中正造像，公有领域图片，来源：http://upload.wikimedia.org/wikipedia/commons/8/8e/Tanaka_Shozo.jpg.

图2.2：足尾铜矿，1895年，公有领域图片，来源：http://ja.wikipedia.org/wiki/%E3%83%95%E3%82%A1%E3%82%A4%E3%83%AB:Ashio_Copper_Mine_circa_1895.JPG.

图2.3：馆林云龙寺本堂，2006年，竹太郎摄，公有领域图片，来源：http://ja.wikipedia.org/wiki/%E3%83%95%E3%82%A1%E3%82%A4%E3%83%AB:%E9%A4%A8%E6%9E%97%E9%9B%B2%E9%BE%8D%E5%AF%BA%E6%9C%AC%E5%A0%82.JPG.

图2.4：参加川俣事件的农民。

图2.5：川俣事件冲突之地，2006年，竹太郎摄，公有领域图片，来源：http://ja.wikipedia.org/wiki/%E3%83%95%E3%82%A1%E3%82%A4%E3%83%AB:KawamataJiken2.JPG.

图2.6：川俣事件纪念碑，2010年，京浜にけ摄，知识共享图片，来源：http://ja.wikipedia.org/wiki/%E3%83%95%E3%82%A1%E3%82%A4%E3%83%AB:Meiwa_Kawamata_Case_Monument_1.JPG.

图2.7：田中正造纪念碑，2008年，Hide-sp，知识共享图片，来源：http://commons.wikimedia.org/wiki/File:Tanaka_Shozo_M01.JPG.

3

图3.1：弗莱西基尔斯垃圾填埋场，1973年，美国国家档案和记录管理局提供，公有领域图片，来源：http://commons.wikimedia.org/wiki/File:GARBAGE_SCOWS_BRING_SOLID_WASTE,_FOR_USE_AS_LANDFILL,_TO_FRESH_

KILLS_ON_STATEN_ISLAND,_JUST_EAST_OF_CARTERET,_NJ_-_NARA_-_548315.jpg.

图3.2：垃圾倾倒入海，来源：George E. Waring, Jr. Street-Cleaning and the Disposal of a City's Wastes: Methods and Results and the Effect upon Public Health, Public Morals, and Municipal Prosperity[M]. New York: Doubleday & McClure CO. , 1898: 69.

图3.3：小乔治·华林，1892年，弗雷德里克·古特孔斯特摄，公有领域图片，来源：http://commons.wikimedia.org/wiki/File:George_E._Waring_cph.3b15760.jpg.

图3.4："白翼"的年度游行，来源：George E. Waring, Jr. Street-Cleaning and the Disposal of a City's Wastes: Methods and Results and the Effect upon Public Health, Public Morals, and Municipal Prosperity[M]. New York: Doubleday & McClure CO. , 1898: 69.

图3.5：清洁工具，来源：George E. Waring, Jr. Street-Cleaning and the Disposal of a City's Wastes: Methods and Results and the Effect upon Public Health, Public Morals, and Municipal Prosperity[M]. New York: Doubleday & McClure CO. , 1898: 41.

图3.6：废品收集车，来源：John McGaw Woodbury and Francis M. Gibson. General Information about the Department of Street Cleaning, New York City, New York[M]. New York: Martin B. Brown Press, 1905:29.

图3.7：垃圾分拣，来源：George E. Waring, Jr. Street-Cleaning and the Disposal of a City's Wastes: Methods and Results and the Effect upon Public Health, Public Morals, and Municipal Prosperity[M]. New York: Doubleday & McClure CO. , 1898: 77.

图3.8：1893年3月17日的莫顿大街，来源：George E. Waring, Jr. Street-Cleaning and the Disposal of a City's Wastes: Methods and Results and the Effect upon Public Health, Public Morals, and Municipal Prosperity[M]. New York: Doubleday & McClure CO. , 1898: illustration c.

图3.9：1895年5月29日的莫顿大街，来源：George E. Waring, Jr. Street-Cleaning and the Disposal of a City's Wastes: Methods and Results and the Effect upon Public Health, Public Morals, and Municipal Prosperity[M]. New York: Doubleday & McClure CO. , 1898: illustration d.

图3.10：入地式垃圾桶，来源：John McGaw Woodbury and Francis M. Gibson. General Information about the Department of Street Cleaning, New York City, New York[M]. New York: Martin B. Brown Press, 1905:11.

4

图4.1：尘暴，得克萨斯州，1936年，公有领域图片，来源：http://commons. wikimedia.org/wiki/File:Dust_bowl,_Texas_Panhandle,_TX_fsa.8b27276_edit.jpg.

图4.2：尘暴来袭，1935年，得克萨斯州，公有领域图片，来源：http:// commons.wikimedia.org/wiki/File:Dust-storm-Texas-1935.png.

图4.3：尘暴中的儿童，俄克拉荷马州，1936年，阿瑟·罗思坦摄，公有领域图片，来源：http://commons.wikimedia.org/wiki/File:Oklahoman_boy_during_the_Dust_Bowl_era.jpg.

图4.4：躲避尘暴的农民和他的儿子，俄克拉荷马州，1936年，阿瑟·罗思坦摄，公有领域图片，来源：http://commons.wikimedia.org/wiki/File:Dust_Bowl_Oklahoma.jpg.

图4.5：尘暴过后，南达科他州，1936年，公有领域图片：http://commons. wikimedia.org/wiki/File:Dust_Bowl_-_Dallas,_South_Dakota_1936.jpg.

图4.6：移民母亲，1936年，多萝西娅·兰格摄，公有领域图片，来源：http:// commons.wikimedia.org/wiki/File:Lange-MigrantMother02.jpg.

5

图5.1：大雾中的纳尔逊纪念柱，伦敦，1952年，N T Stobbs摄，知识共享图片，来源：http://commons.wikimedia.org/wiki/File:Nelson%27s_Column_during_the_Great_Smog_of_1952.jpg.

图5.2：阳光与烟雾，洛杉矶，1973年，吉恩·丹尼尔斯摄，公有领域图片，来

源：http://commons.wikimedia.org/wiki/File:SUNLIGHT_AND_SMOG_-_NARA_-_552395.tif.

图5.3：光化学烟雾笼罩的洛杉矶，1973年，吉恩·丹尼尔斯摄，公有领域图片，来源：http://commons.wikimedia.org/wiki/File:LOS_ANGELES_IN_HEAVY_SMOG_-_NARA_-_552394.jpg.

图5.4：烟雾中的洛杉矶，2005年，知识共享图片，来源：http://commons.wikimedia.org/wiki/File:Img0253Los_Angeles_Smog.JPG.

6

图6.1：水俣市和水俣氮肥厂地图，时间不详，Bobo12345制作，知识共享图片，来源：http://en.wikipedia.org/wiki/File:Minamata_map_illustrating_Chisso_factory_effluent_routes2.png.

图6.2：水俣病慰灵碑，2011年，Hyolee摄，知识共享图片，来源：http://commons.wikimedia.org/wiki/File:Eco_Park_Minamata2.JPG.

图6.3：水俣病博物馆，2011年，STA3816摄，公有领域图片，来源：http://commons.wikimedia.org/wiki/File:Minamata_Disease_Museum.jpg.

7

图7.1：蕾切尔·卡逊，1940年，美国鱼类及野生动物管理局摄，公有领域图片，来源：http://commons.wikimedia.org/wiki/File:Rachel_Carson_w.jpg.

图7.2：卡逊之家，位于美国宾夕法尼亚州泉溪镇，现列于美国国家史迹名录，2009年，李·帕克斯顿摄，知识共享图片，来源：http://commons.wikimedia.org/wiki/File:RachelCarsonHomestead.jpg.

图7.3：查塔姆学院，原名宾夕法尼亚州女子学院，2009年，Daderot上传，公有领域图片，来源：http://commons.wikimedia.org/wiki/File:Chatham_University_-_IMG_7650.JPG.

图7.4：霍普金斯大学标志性建筑Gilman Hall，2008年，Daderot上传，公有领域图片，来源：http://commons.wikimedia.org/wiki/File:Gilman_Hall,_Johns_

Hopkins_University,_Baltimore,_MD.jpg.

图7.5：卡逊和罗伯特·海恩斯在大西洋海岸，1952年，鱼类及野生动物管理局摄，公有领域图片，来源：http://commons.wikimedia.org/wiki/File:Rachel_Carson_Conducts_Marine_Biology_Research_with_Bob_Hines.jpg.

图7.6：罗伯特·海恩斯和卡逊在大西洋海岸，1955年，雷克斯·加里·施密特摄，公有领域图片，来源：http://commons.wikimedia.org/wiki/File:Robert_Hines_and_Rachel_Carson.jpg.

图7.7：滴滴涕结构图，2006年，马丁·瑞伯制作，知识共享图片，来源：http://commons.wikimedia.org/wiki/File:DDT.jpg.

图7.8：蕾切尔·卡逊国家野生动物保护区，时间不详，罗伯特·波什摄，公有领域图片，来源：http://commons.wikimedia.org/wiki/File:Goosefare_creek_a_division_of_the_Rachel_Carson_national_wildlife_refuge.jpg.

图7.9：吉卜赛蛾，1917年，H. M. 狄克逊制作，公有领域图片，来源：http://commons.wikimedia.org/wiki/File:Gypsy_Moth_page_1251.jpg.

8

图8.1：艾伯凡在默瑟市的位置，2010年，Nilfanion制作，共享知识图片，来源：http://en.wikipedia.org/wiki/Aberfan.

图8.2：溃坝形成的泥石流在艾伯凡村上方分成两支，石流分成了两部分，东部的泥石流冲进了艾伯凡村，来源：http://www.alangeorge.co.uk/aberfandisaster.htm.

图8.3：尾矿库溃坝原理示意图，来源：http://www.channel4learning.com/support/programmenotes/netnotes/sub/subid114.htm.

9

图9.1：凯霍加河和克里夫兰市，Gandz上传，知识共享图片，来源：http://commons.wikimedia.org/wiki/File:Cuyahoga_river_and_downtown_cleveland.jpg.

图9.2：烟尘笼罩下的克拉克大道桥，1973年，弗兰克·亚历山德罗维奇摄，公有领域图片，来源：http://commons.wikimedia.org/wiki/File:SMOKE_OVER_

THE_CLARK_AVENUE_BRIDGE_-_NARA_-_550185.tif.

图9.3：污水流入凯霍加河，1973年，弗兰克·亚历山德罗维奇摄，公有领域图片，来源：http://commons.wikimedia.org/wiki/File:HARSHAW_CHEMICAL_COMPANY_DISCHARGES_WASTE_WATER_INTO_THE_CUYAHOGA_RIVER_-_NARA_-_550193.jpg.

图9.4：《克里夫兰诚实商人报》记者理查德·埃勒斯将手伸进凯霍加河后拍摄的照片，来源：http://www.cleveland.com/science/index.ssf/2009/06/cuyahoga_river_fire_40_years_a.html.

图9.5：1952年凯霍加河大火，来源：http://www.marktebeau.com/exhibits/items/show/1805.

图9.6：盖洛德·纳尔逊，公有领域图片，来源：http://commons.wikimedia.org/wiki/File:GaylordNelson.jpg.

10

图10.1：从纽约这边看尼亚加拉瀑布，2004年，马修·特朗普摄，知识共享图片，来源：http://commons.wikimedia.org/wiki/File:DSCN4390_americanfalls_e.jpg.

图10.2：拉夫运河的转让合同，1953年，Denblanx上传，知识共享图片，来源：http://en.wikipedia.org/wiki/File:Hooker_Electrochemical_Quit_Claim_Deed_to_Board_of_Education.pdf.

图10.3：转让合同中的"警告"，1953年，Denblanx上传，知识共享图片，来源：http://en.wikipedia.org/wiki/File:Hooker_Electrochemical_Quit_Claim_Deed_to_Board_of_Education.pdf.

图10.4：清理中的拉夫运河小区，时间不详，美国环保署摄，公有领域图片，来源：http://www.epa.gov/region2/superfund/npl/lovecanal/images/love_canal_cleanup_1.jpg.

图10.5：洛伊斯·吉布斯，2010年，Yoopernewsman上传，知识共享图片，来源：http://commons.wikimedia.org/wiki/File:Lois_Gibbs_at_NMU_in_Marquette,_MI_10-15-10_(2).jpg.

图10.6：拉夫运河小区居民的抗议，1978年，美国环保署提供，公有领域图片，来源：http://commons.wikimedia.org/wiki/File:Love_Canal_protest.jpg.

图10.7：疏散后的房子，时间不详，美国环保署摄，公有领域图片，来源：http://www.epa.gov/region2/superfund/npl/lovecanal/images/love_canal_evacuated_house.jpg.

图10.8：清理拉夫运河，时间不详，美国环保署摄，公有领域图片，来源：http://www.epa.gov/region2/superfund/npl/lovecanal/images/love_canal_cleanup_3.jpg.

图10.9：疏散后建立的新家，时间不详，美国环保署摄，公有领域图片，来源：http://www.epa.gov/region2/superfund/npl/lovecanal/images/love_canal_new_homes_1.jpg.

图10.10：现在的拉夫运河，2012年，Buffalutheran上传，知识共享图片，来源：http://commons.wikimedia.org/wiki/File:Looking_into_Love_Canal.jpg.